ANDRÉ WINKLER
@gartenlovers

GANZ EINFACH — STAUDEN

So wird dein Garten zum pflegeleichten Blütenmeer

KOSMOS

INHALT

MIT SCHÖNEN BEETIDEEN

1

Stauden-Träume werden wahr

Vor über zehn Jahren hatte ich eine Vision: Ich wollte unseren neuen Garten eigenständig in ein blühendes Paradies verwandeln. Es gab nur ein Problem, ich kannte nicht eine Staude beim Namen.

Hey, mein Name ist André. Ich bin Gärtner aus Leidenschaft und ein totaler Staudenfan. Ich liebe die Farben und Strukturen eines Staudenbeets, das wie ein lebendiges Gemälde im Garten liegt, und ich kann mich stundenlang darin verlieren. Seit nunmehr zehn Jahren verwirkliche ich meinen Traum von unserer eigenen Gartenoase und lasse andere Garteninteressierte über die sozialen Medien gerne daran teilnehmen.
Doch bis es so weit kam, war es ein langer Weg. Ich bin in einem Mehrgenerationenhaushalt mit dem dazugehörigen Stadtgarten aufgewachsen. Wir hatten einige Obstgehölze, ein paar Hortensien und Opas ganzer Stolz waren seine Rosen im Vorgarten. Als nach unserem Hauskauf meine eigene Gartenreise im Jahr 2015 begann, hatte ich überhaupt keine Ahnung von Stauden, Gräsern und Gehölzen. Wirklich keine!
Ich war, was den Garten betrifft, ein kompletter Anfänger und hatte dennoch den tiefen Wunsch etwas Besonderes zu erschaffen. Ich träumte von einem Garten zum Staunen, Entdecken und Genießen, und ich wollte ihn nachhaltig, insektenfreundlich und vor allem selbst gestalten. Unser Garten sollte schöne Blickwinkel durch die verschiedensten Sitzplätze bieten und wir wollten eine Feuerschale mit Grillecke für gesellige Abende haben.
Doch der Garten, den wir mit dem Hauskauf übernommen hatten, hatte nichts von dem zu bieten. Er bestand hauptsächlich aus einer großen Wiese, einigen wunderschönen Rosen und einem ausufernden Beet mit dem schlimmsten Neophyten, den man sich vorstellen kann: dem japanischen Knöterich.
Es blieb mir also nichts anderes übrig, als wirklich bei null anzufangen und meine Ideen für den Garten Schritt für Schritt umzusetzen. Natürlich lief in den ersten Jahren des Gartenumbaus nicht immer alles glatt und es gab einige Rückschläge. Der Weg zum Traumgarten war somit ein stetiger Lernprozess, bei dem der

Spaß am Gärtnern stets im Vordergrund stand. Dabei war es mir absolut wichtig, nichts zu überstürzen, auch mal Kompromisse einzugehen und den Garten in jeder Form und zu jeder Jahreszeit mit einer Kaffeetasse in der Hand zu genießen. Dieses Buch soll euch mit Anregungen, Inspirationen und Tipps versorgen und dazu ermutigen, ebenfalls den Traum vom eigenen Gartenparadies zu leben und dazu sind Stauden die idealen Pflanzen. Ich hoffe, dass sich meine Freude am Gärtnern auf euch überträgt, damit auch ihr täglich in eurem Garten auf Entdeckungsreise gehen könnt.

2

1. Umgeben von Stauden, fühle ich mich im Garten am wohlsten.

2. Wir haben im wahrsten Sinne bei null angefangen, den Traum vom Gartenparadies umzusetzen, und auch ihr könnt das schaffen!

WARUM DU UNBEDINGT STAUDEN IN DEINEM GARTEN BRAUCHST

FÜR JEDEN GARTEN EINE BEREICHERUNG

Farbenpracht

Die Welt der Stauden ist faszinierend und absolut schillernd. Es gibt im Grunde keine Farbe, die es nicht gibt. Vom reinsten Weiß bis zu einem fast schwarzen Lila ist bei den Blüten alles dabei und auch die Blätter können mit abwechslungsreichen Farbspielen überzeugen. Ob thematisch sortiert oder kunterbunt: Bei der Gestaltung eurer Beete sind euch in punkto Farben wirklich keine Grenzen gesetzt.

Blütenmeer

In Bezug auf Blütenvielfalt sind Stauden nahezu grenzenlos. Ob als Dolde, Kerze, Teller, Rispe oder Kugel, ihr könnt im Beet mit allerhand Blütenformen und -größen spielen. Auf diese Weise lassen sich schöne Bilder im Garten kreieren, die bei Insekten und Menschen für Begeisterung sorgen.

Blattschmuck

Viele Stauden überzeugen ebenso mit einem sehr ansprechenden Blattschmuck, der sich hinter keiner Blüte verstecken muss. Von flauschig bis leicht stachelig, über beeindruckend groß und farbenfroh, sorgen sie für besondere Akzente im Garten. Manche Staude zeigt ihre immergrünen Blätter sogar im tiefsten Winter.

Langlebigkeit

Ein weiteres unschlagbares Argument für einen Garten voller Stauden ist ihre Langlebigkeit. Wenn ihr die Bedürfnisse der einzelnen Pflanzen beachtet, könnt ihr über Jahre sehr viel Freude an ihnen haben.

Geht nicht, gibt's nicht

Die Welt der Stauden ist so vielfältig, dass wirklich jeder Garten und jede noch so vermeintlich ungünstige Ausgangslage zu einem blühenden Paradies werden kann. Sei es ein sehr trockener Sandboden oder ein feuchter Schattenbereich, es gibt für jede noch so spezielle Gartenecke die passende Auswahl an Stauden. Mit ihrer schieren Vielfalt an Wuchsformen, Blüten und Farben lassen Stauden euch genügend Raum für Kreativität, damit jedes Beet zu einem echten Highlight in eurem Garten wird. Für viele Stauden braucht es zudem kaum ein besonderes Gartenwissen, sodass Neulingen der Einstieg ins Gärtnern leicht gemacht wird.

Pflegeleicht

Es gibt nichts Pflegeleichteres als ein üppiges Staudenbeet. Ja genau, ihr habt richtig gelesen. Je dichter die Bepflanzung, desto weniger müsst ihr machen. Die Stauden stützen sich gegenseitig, Unkräuter & Co haben es schwer, Fuß zu fassen und ihr habt mehr Zeit, um euren Garten zu genießen.

Insektenfreundlich

Kaum erblicken im Frühjahr die ersten Blüten das Licht der Welt, schwirren Biene & Co wieder durch den Garten. Durch ein an Pollen und Nektar reichhaltiges Staudenbuffet fühlen sich die kleinen Gartenhelden so richtig wohl bei uns. Glaubt mir, es gibt nichts Schöneres, als das emsige Treiben in den Beeten zu betrachten. Da könnte ich wirklich stundenlang zuschauen.

GÄRTNERN
MIT STAUDEN –
LEICHT
GEMACHT

EINFACH STARTEN

Die Freude am Gärtnern geht einher mit dem Wissen über einzelne Stauden und ihre richtige Pflanzung und Pflege.

GÄRTNERN LEICHT GEMACHT

Was du als Staudengärtner wirklich brauchst

Auf die Plätze fertig los?! Ich zeige euch einige hilfreiche Werkzeuge, die für das Gärtnern unerlässlich sind. Und auf welchem Weg ihr am besten zu guten Pflanzen kommt.

Für nahezu jede Gartenlage gibt es heutzutage das passende Werkzeug und ich war ehrlich gesagt zu Beginn ein wenig überfordert, was ich überhaupt für meine Gartenpläne alles benötige. Die Verführung war groß, mir direkt ein ganzes Arsenal an Geräten zuzulegen. Doch mittlerweile ist meine Devise: weniger ist mehr. Ich komme mit gerade einmal fünf Werkzeugen super klar und weiche selten auf spezielle Gartengeräte aus.

DIE HILFREICHSTEN WERKZEUGE

Jeder Hobbygärtner kennt sie: die **Pflanzkelle.** Ihr Zweck ist selbsterklärend und dennoch möchte ich euch raten, unbedingt auf die Qualität zu achten. Gerade am Anfang habe ich viele Kellen verschlissen und mich häufig sehr geärgert, wenn ich deswegen erstmal nicht weitergärtnern konnte. Mittlerweile setze ich ausschließlich auf langlebige Kellen aus geschmiedetem Stahl.
Bei der Wahl eurer **Gartenschere** solltet ihr ebenfalls auf Qualität setzen. Ich bevorzuge eine gute Allroundschere für Stauden, die auch kleine Äste an Gehölzen schneiden kann. Für das Ausputzen von welken Blüten neige ich jedoch zu einer filigraneren Zweitschere.
Der **Jäter** ist nicht nur dafür da, um Beikräuter samt Wurzel zu ziehen. Mit ihm löse ich auch den Wurzelballen meiner Stauden, damit sie im Beet besser anwachsen können. Für mich ein absolutes Muss.
Das **Staudenmesser** ist im Frühjahr mein liebstes Werkzeug, wenn es an den Rückschnitt der Stauden geht. Damit schneidet ihr die buschigsten Stauden und Gräser superleicht und ohne viel Kraftaufwand bodennah runter.
Zum Schluss empfehle ich noch den guten alten **Spaten**, der im Garten wirklich unersetzlich ist. Wenn ich neue Beete im Sinne habe, steche ich mit ihm die Konturen des neuen Beets ab. Mit ihm lässt sich ebenso leicht die Grasnarbe ent-

MEINE TOP 5 GARTEN-WERKZEUGE

Für Anfänger

- Pflanzkelle
- Allroundschere
- Jäter
- Staudenmesser
- Spaten

Für Fortgeschrittene

- Rasenkantenspaten für tolle Rasenkanten
- Grabegabel zum Um- und Ausgraben
- zweite Schere zum Ausputzen der verblühten Triebe
- Pflasterhammer zum Anlegen von Natursteinwegen durch eure Beete
- Zwiebelschaufel für tiefere Löcher

Es gibt spezielle **Pflanzenmessen,** auf denen ausgewählte Fachhändler und Züchter Raritäten und Besonderheiten anbieten. Manchmal kann man dort auch selbst seine geteilten Stauden tauschen.

Beim Besuch in der Staudengärtnerei schlägt mein Herz jedes Mal höher und der Kofferraum bleibt selten leer. „Nur mal gucken", geht nicht.

fernen und bei größeren Stauden das Pflanzloch wesentlich entspannter ausheben. Für die Vermehrung meiner Stauden greife ich bei der Teilung ebenfalls am liebsten auf den Spaten zurück, da er mit seiner scharfen Kante die saubersten Schnitte an der Wurzel macht.

WANN UND WIE IHR AM BESTEN ZU STAUDEN KOMMT

Ihr habt so richtig Lust im Garten loszulegen und neue Beete zu bepflanzen. Doch woher bekommt ihr nun die Stauden?
Ich habe die Erfahrung gemacht, dass man gerade als Gartenneuling im Baumarkt gut die Basics abdecken kann. Hier findet ihr die neusten Trends und gängige Stauden, wie Funkien *(Hosta),* Wolfsmilch *(Euphorbia)* und Storchschnabel *(Geranium).* Strebt ihr mit der Zeit jedoch nach mehr Varietät, werdet ihr hier schnell an die Grenzen kommen. Spezielle Wünsche, wie zum Beispiel eine bestimmte Bergenie *(Bergenia),* werden im Baumarkt eher selten erfüllt.
Wenn ihr euch also einen schönen Staudengarten anlegen wollt, führt kein Weg am Gartencenter, der Gärtnerei oder noch besser, an einer speziellen Staudengärtnerei vorbei. Besonders Letztere hat geschultes Personal für zielgenaue Beratungen und hat die Stauden in der Regel selbst vermehrt und vorgezogen. Vor allem könnt ihr euch vor Ort durch die immense Sortenvielfalt inspirieren lassen und gleichzeitig von der Qualität der Pflanzen überzeugen, was für mich einen großen Vorteil gegenüber den Onlineshops darstellt.
Vorsichtig wäre ich bei Stauden, die in Supermärkten zu echten Kampfpreisen angeboten werden. Selten besteht dort die Möglichkeit, die Pflanzen ausreichend mit Wasser, Sonnenlicht und Nährstoffen durch fachkundige Mitarbeiter zu versorgen.

KANDELABER-
EHRENPREIS
BLUT-WEIDERICH
HOHE
FLAMMENBLUME
PRACHTKERZE
FETTHENNE

Standort: Wo Stauden sich am wohlsten fühlen

Staude ist nicht gleich Staude. Manche mögen es gerne heiß und trocken, andere wiederum feucht und nährstoffreich. Ihr müsst bei der Planung eurer Beete deswegen ein paar Punkte beachten, damit sich jede einzelne Staude in eurem Garten wohlfühlt und ihr jahrelang Freude an ihnen habt.

Jede Staude bevorzugt einen bestimmten Standort, an dem sie am besten gedeiht.

Jede Staude hat einen bevorzugten Lebensraum, an den sie perfekt angepasst ist. Beim Kauf einer Staude findet ihr dazu meist alle wichtigen Informationen auf einem Kärtchen. Dort stehen dann häufig Abkürzungen wie ›GR‹, ›so‹ und ›abs‹. Was zunächst recht kompliziert aussieht, ist im Grunde eine Beschreibung der Licht- und Bodenverhältnisse, die ihr für eure Beete kennen solltet. Diese Abkürzungen drücken also die Bedürfnisse eurer Pflanze aus. Die Wichtigsten findet ihr auf den Seiten 90–91 im Glossar aufgelistet.

LICHT

Die Lichtverhältnisse in eurem Garten lassen sich grob in drei Bereiche unterteilen:
sonnig (so), halbschattig (hs) und schattig (sch) bzw. absonnig (abs). Für jede dieser drei Zonen gibt es die unterschiedlichsten Stauden und echte Spezialisten.

Sonnig

Das sonnige Beet zeichnet sich logischerweise durch viele Sonnenstunden aus. Als Faustregel gilt, dass die Pflanzen dort täglich mindestens sechs Stunden direkte Sonneneinstrahlung, vor allem über die heiße Mittagszeit, abbekommen sollten. In diesem Bereich eures Gartens könnt ihr zum Beispiel wunderschöne Präriebeete anlegen, in denen richtige Sonnenanbeter wie die Prachtkerze *(Gaura lindheimeri)*, Hohe Fetthenne *(Sedum telephium)* und die Fackellilie *(Kniphofia uvaria)* auch ohne ständige Wasserbeigabe prächtig gedeihen.

Schattig & absonnig

Das schattige Beet wiederum zeichnet sich durch wenige Sonnenstunden am Tag aus. An diesem Standort sollte die direkte Sonneneinstrahlung nicht mehr als vier Stunden betragen, was zum Beispiel unter Bäumen der Fall ist. Zu den Schattenbeeten zählen außerdem absonnige Standorte, die durchaus hell sind, aber ebenfalls wenig direktes Sonnenlicht beziehen. Solche Stellen im Garten können beispielsweise an Mauern und Hauswänden vorkommen.
Auch an schattigen Standorten könnt ihr interessante Beete gestalten, die mit einer blütenreichen Vielfalt überzeugen. Zu den Schattenliebhabern zählen unter anderem Funkien *(Hosta),* Lenzrosen *(Helleborus)* und Elfenblumen *(Epimedium).*

Halbschattig

Der Halbschatten ist die Schnittmenge der beiden Lichtextreme und zeichnet sich durch vier bis sechs Stunden tägliche Sonneneinstrahlung aus. Der gravierende Unterschied zu einem sonnigen Standort ist hier vor allen Dingen die Mittagszeit, die im Halbschatten meist ohne direktes Sonnenlicht auskommt.
Häufig werdet ihr beim Einkauf auf Stauden treffen, die Sonne und Halbschatten bzw. Schatten und Halbschatten gleichzeitig mögen. Ihr habt in diesem Teil eures Gartens also größtmögliche Flexibilität und Auswahl. Bekannte Vertreter des Halbschattens sind unter anderem die Wiesenraute *(Thalictrum),* die Schaumblüte *(Tiarella)* und der Frauenmantel *(Alchemilla).*

Für die unterschiedlichsten Lichtverhältnisse in eurem Garten gibt es die passenden Stauden.

Die individuellen Bodenverhältnisse sind für eure Stauden ebenso zu beachten.

Ein schöner Staudengarten benötigt einen gesunden Boden. Bringt deswegen im Frühjahr einen **organischen Bodenverbesserer** wie Kompost in eure Beete, um euren Pflanzen perfekte Bedingungen für ein vitales Wachstum zu geben.

BODEN

Neben den Lichtverhältnissen ist es wichtig, dass ihr euren Boden kennt. Die wichtigsten Merkmale sind Bodenfeuchte und Nährstoffe. Auch hier können wir eine weitläufige Einteilung in drei Bereiche vornehmen: leichte, mittelschwere und schwere Böden.

Leichter Boden

Der leichte Boden zeichnet sich durch einen hohen Sandanteil aus und lässt ihn daher locker erscheinen. Hier finden sich weniger Nährstoffe und der Boden ist insgesamt recht trocken, da er das Wasser nicht so gut speichern kann. Wenn ihr verhindern wollt, dass sandige Böden nicht so schnell austrocknen, empfehle ich, etwas Kompost beizumischen und das Beet zu mulchen.
Stauden, die auf sandigen Böden zurechtkommen, sind zum Beispiel Witwenblume *(Knautia macedonica)*, Steppen-Salbei *(Salvia nemorosa)* und Blaue Katzenminze (*Nepeta* x *faassenii*).

Schwerer Boden

Schwere Böden wiederum können sehr viel Wasser speichern und die Erde erscheint durch den hohen Anteil von Ton deswegen häufig klumpig. Insgesamt ist dieser Boden nicht sehr durchlässig, sodass Gefahr von Staunässe besteht. Hier empfiehlt es sich, etwas Sand zur Drainage in die Pflanzlöcher zu geben. Darüber hinaus zeichnen sich diese Böden durch ihre reichhaltigen Nährstoffe aus. Wunderschöne Stauden für feuchte Böden sind unter anderem Wiesen-Ehrenpreis *(Veronica longifolia)*, Schneckenknöterich *(Bistorta affinis)* und Großer Wiesenknopf *(Sanguisorba officinalis)*.

Mittelschwerer Boden

Der mittelschwere Boden ist der Allrounder unter den Gartenböden. Er hat hohe Anteile von Schluff und Lehm, die ihn im Vergleich zu schweren Böden durchlässiger machen. Er verfügt dennoch über genügend Nährstoffe und speichert das Wasser besser als der leichte Boden. Hier fühlen sich unter anderem Kissen-Aster *(Aster dumosus)*, Kerzenknöterich *(Bistorta amplexicaulis)* und Storchschnabel *(Geranium)* wohl.

MIT DEM GARTEN WACHSEN

Letztendlich kann ich euch aber nur dazu ermutigen euch auszuprobieren und die Angaben nicht zu dogmatisch zu sehen. Klar sollte eine reine Schattenpflanze nicht den ganzen Tag in der prallen Sonne stehen, aber wie im Leben selbst, sind auch die Grenzen im Garten fließend und niemand muss mit der Stoppuhr die Sonnenstunden in den Beeten minutiös festhalten. Lernt euren Garten kennen und überstürzt nichts. Mit der Zeit bekommt ihr von ganz alleine ein Gefühl für euren Garten und auch für die darin lebenden Stauden.
Ich habe zum Beispiel eine Hohe Fetthenne und eine Blaue Katzenminze nach dem Teilen in unseren eher trockenen, absonnigen Schattenbereich gepflanzt und festgestellt, dass sie sich dort durchaus wohlfühlen. Für sie waren nicht die Lichtverhältnisse entscheidend, sondern der trockene Boden. Durch den weniger sonnigen Standort blühen sie dort sogar leicht verzögert und ich habe ihre Blüte somit insgesamt länger im Garten.

1. Ein Highlight im Halbschatten sind die Blüten des Kerzenknöterichs.

2. Der Hauswurz ist ein Trockenheitskünstler für sonnige Plätze.

3. Kaukasus-Vergissmeinnicht 'Jack Frost' verzaubert im Schatten

2

1

3

WAS STAUDEN WIRKLICH BRAUCHEN

Viele Menschen wünschen sich heutzutage einen pflegeleichten Garten, der am besten voller Blüten und wertvoll für die Insekten ist. Dennoch schrecken sie vor einem Staudengarten zurück, da sie denken, dass er viel zu aufwendig sei und tägliche Arbeit bedeute.

Doch gerade im Vergleich zu einem sogenannten Schotter"garten" benötigt ein dicht bewachsenes Staudenbeet einen wesentlich geringeren Aufwand an Pflege.

Das Staudenbeet hält allein durch seinen üppigen Wuchs die Unkräuter deutlich besser in Schach als besagte Schotterfläche und sorgt insgesamt für weniger Verdunstung. Einmal an der richtigen Stelle gepflanzt, sind die meisten Stauden absolut pflegeleicht.

Wenn ihr für eure Stauden die beschriebenen Standorte berücksichtigt, benötigen sie neben dem ein oder anderen Pflegeschnitt meist nicht viel an zusätzlicher Aufmerksamkeit. Durch die Wahl des richtigen Lebensraums habt ihr bereits präventiv optimale Voraussetzungen dafür geschaffen, dass sie robust gedeihen können und weniger anfällig für etwaige Krankheiten werden. Grundsätzlich lautet deswegen bei der Staudenpflege mein Motto: weniger ist mehr.

Die meiste Zeit lasse ich die Stauden Stauden sein und greife gar nicht groß ins Beet ein. Trotz aller Gelassenheit beim Gärtnern gibt es ein paar Tipps und Tricks zur Staudenpflege, die ich euch auf den folgenden Seiten ans Herz legen möchte. Eure Stauden werden sich durch eure Pflege mit den Jahren prächtig entwickeln, denn ihr sorgt mit eurem Einsatz für eine bessere Lebensdauer, eine erhöhte Standfestigkeit sowie eine verlängerte Blütezeit.

Je üppiger das Staudenbeet, desto pflegeleichter ist es.

SCHÖNE STAUDEN: DAS MÜSST IHR IHNEN GEBEN!

RANKHILFE

Manche Stauden benötigen eine Rankhilfe bzw. eine Stütze für einen guten Stand im Beet. Diese könnt ihr nach Lust und Laune kreativ einbinden oder fast komplett hinter Blättern verschwinden lassen. Sei es aus Naturmaterialen oder geschmiedeten Objekten: Eine Stütze kann auch zu einem Hingucker werden, siehe Seite 51.

PFLANZENSCHUTZ

Der größte Feind für eure Stauden sind Schädlinge und Pilzerkrankungen. Solltet ihr bemerken, dass eure Stauden Schaden nehmen, müsst ihr aktiv werden. Doch keine Bange, mit ein paar einfachen Tipps und Tricks könnt ihr euren Gartenlieblingen helfen, siehe Seite 30–33.

Ein üppig eingewachsenes Staudenbeet gedeiht fast von alleine. Es benötigt nur hier und da etwas Aufmerksamkeit.

GIESSEN

Für das richtige Maß an Wasserbeigaben bedarf es etwas Gartenwissen. Manche Stauden mögen es gerne trocken, mache lieber feucht. Mit der Zeit bekommt ihr ein Gespür dafür, was eure Pflanzen jeweils an Wassermenge benötigen, siehe Seite 34.

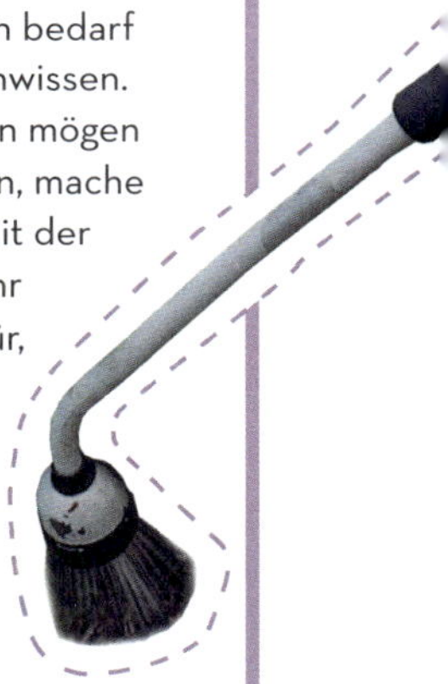

PFLEGESCHNITT

Ob Ausputzen, Remontierschnitt oder Chelsea Chop: mit dem richtigen Schnitt verlängert ihr die Blütezeit eurer Stauden merklich und sorgt nebenbei für ein vitales Wachstum und einen stabilen Stand im Beet, siehe Seite 20.

DÜNGER

Stauden benötigen zum Wachsen und für eine üppige Blüte zu Beginn des Gartenjahres organischen Dünger und etwas Kompost oder Pellets (siehe Seite 28–29). Einmal im Frühjahr kräftig angewachsen, reichen ihnen meistens für den Rest des Jahres Sonne und Wasser.

Blütenpflege: schöne Blüten zu jeder Jahreszeit

Ein prachtvoll blühendes Staudenbeet ist in jedem Garten ein echter Hingucker. Damit ihr nicht nur für ein paar Monate einen Blickfang habt, gibt es einige Hilfestellungen, die eure Stauden zu einer längeren Blüte anregen, ihren Stand festigen und sie nebenbei noch vital halten.

Nachdem ihr die Licht- und Bodenverhältnisse in eurem Garten beachtet habt, solltet ihr euch bei der Planung eines Beets mit der jeweiligen Blütezeit der Stauden auseinandersetzen. Mir ist es nämlich anfangs so ergangen, dass ich nach dem langen Winter mit Tausenden Ideen im Kopf ins Gartencenter gefahren bin und direkt alles auf einmal gekauft habe, was zu diesem Zeitpunkt in voller Blüte war. Das Problem war dann natürlich, dass spätestens Ende April alles verblüht war und ich den Rest des Jahres ein grünes Beet hatte. Wenn ihr also einen Teil eures Gartens neugestalten wollt, lasst euch nicht von den Reizen des Frühlings verführen, sondern denkt immer auch an den Rest des Jahres.

Sind die Blütezeiten erst einmal geschickt aufeinander abstimmt, gelingt es euch in jedem Monat des Jahres etwas Blühendes in eure Beete zu zaubern. Es gibt für mich zum Beispiel nichts schöneres, als wenn ab Dezember die ersten Christrosen *(Helleborus niger)* ihre zauberhaften Blüten zeigen. Gerade wenn der Garten eigentlich im wohlverdienten Winterschlaf ist, freue ich mich über jede einzelne Blüte. Es macht also durchaus Sinn, Winterblüher mit Frühblühern, Sommerstauden und Herbstblüher in einem Beet zu kombinieren. Auf diese Weise habt ihr fast das ganze Jahr über Blüten im Garten.

Neben den aufeinander abgestimmten Blütezeiten gibt es noch einige Pflegeschnitte, mit denen ihr die Blütezeit eurer Stauden verlängern und beeinflussen könnt. Dabei gilt es zu beachten, dass jede Staude einen bestimmten Schnitt bevorzugt. Was sich erstmal komplex anhört, werdet ihr aber recht schnell verinnerlicht haben.

AUSPUTZEN

Durch das Ausputzen bzw. Ausschneiden einzelner welker Blüten sorgt ihr dafür, dass Stauden wie die Pfirsichblättrige Glockenblume *(Campanula persicifolia)*, das Mädchenauge *(Coreopsis)* oder die Ballonblume *(Platycodon grandiflorus)* dazu angeregt werden, immer wieder neue Blüten zu produzieren. Auf diese Weise können beispielsweise Ko-

1

2

1.+ 2. Die welken Blüten der Ballonblume werden einzeln ausgeputzt, das sorgt für monatelange Blüten.

kardenblumen *(Gaillardia)* bis zum Frost blühen. Grundsätzlich klingt dieser ständige Rückschnitt nach viel Aufwand, ist es aber nicht. Ich habe für solche Zwecke immer eine spitze Schere parat und knipse Verblühtes einfach schnell im Vorbeigehen ab, wenn ich nach dem Feierabend eine Runde durch den Garten drehe.

Gestaltet ein Beet für das ganze Jahr, indem ihr die **Blütezeiten** aufeinander abstimmt.

REMONTIERSCHNITT

Diese Art von Pflegeschnitt ist die radikalste Methode und verlangt am Anfang einige Überwindung. Ihr schneidet eure Staude, wie Blaue Katzenminze (*Nepeta* x *faassenii*), Rittersporn *(Delphinium)* und Wiesen-Storchschnabel *(Geranium pratense)* beim Remontierschnitt direkt nach der ersten Blüte bodentief und somit komplett zurück. Aber keine Sorge, die Staude reagiert darauf mit einem vitalen Neuaustrieb und zeigt sich schon nach ein paar Wochen wieder in voller Pracht und mit einer zweiten Blüte. Wichtig ist, dass ihr den Rückschnitt nicht zu spät macht, da die Staude sonst zu viel Kraft in die Bildung von Samen steckt. Ich empfehle euch darüber hinaus, der Staude nach dem Schnitt etwas organischen Dünger zu geben, damit der zweite Austrieb genügend Power bekommt. Doch Vorsicht, nicht jede Staude eignet sich nach der Blüte für den Remontierschnitt (siehe auch Seite 24).

CHELSEA CHOP

Der Chelsea Chop ist eine Schnittmethode, die auf die berühmte Chelsea Flower Show in England zurückgeht. Hierbei werden die Triebe bestimmter Stauden ausgespitzt, sprich um ein Drittel gekappt, um ihre Blütezeit nach hinten zu verschieben.

Diese Methode beschreibt einen Pflegeschnitt, der tatsächlich vor der ersten Blüte durchgeführt wird. Was sich zunächst vollkommen absurd anhört, hat jedoch für diese Stauden einige Vorteile. Besonders hohe Spätsommerstauden wie die Hohe Flammenblume *(Phlox paniculata)* verzweigen sich besser und bekommen somit eine größere Blütenfülle. Darüber hinaus wende ich den Chelsea Chop bei der Hohen Fetthenne *(Sedum telephium)* zur Verbesserung der Standfestigkeit an. Ich kürze dazu die äußeren Triebe zu zwei Dritteln ein und sorge dafür, dass die Staude durch diesen äußeren Rand deutlich standfester wird und nicht in der Mitte auseinanderbricht. Ein schöner Nebeneffekt ist hierbei die verlängerte Blütezeit, da der äußere Kranz ungefähr 20 Tage später blüht als die stabilisierte Mitte.

Aus allen Pflanzen-Abschnitten lassen sich im Übrigen Stecklinge für neue Stauden machen.

RÜCKSCHNITT NACH DER BLÜTE

Bei einigen Stauden empfiehlt es sich, direkt nach der Blüte einen ordentlichen Rückschnitt – ähnlich dem Remontierschnitt – vorzunehmen, obwohl ihr bei ihnen keine zweite Blüte erwarten könnt.

Zum einen soll dieser Rückschnitt die extreme Selbstaussaat unterbinden, die unter anderem beim Frauenmantel *(Alchemilla mollis)* oder auch beim Gewöhnlichen Wasserdost *(Eupatorium cannabinum)* auftritt.

Zum anderen empfiehlt es sich, zum Beispiel Indianernesseln (Monarden) direkt nach der Blüte stark zurückzuschneiden, um einem Befall mit Mehltau vorzubeugen. Diese Stauden treiben dann ein zweites Mal neu aus und bekommen wieder ein gesundes Blattwerk, aber in der Regel keine zweite Blüte.

1

1. Der Chelsea Chop sorgt für eine leicht verzögerte Blüte.

2. Durch den Remontierschnitt fördert ihr eine zweite Blüte.

2

3

4

3. Der Nachwinterschnitt macht Platz für die neuen Triebe.

4. Mit dem Rückschnitt nach der Blüte verhindert ihr bei bestimmten Stauden u. a. eine starke Selbstaussaat.

FRÜHHERBSTSCHNITT

Es gibt einige wenige Stauden, wie das Mädchenauge *(Coreopsis)*, die bereits nach der Blüte im Herbst bodennah abgeschnitten werden wollen. Der Rückschnitt hilft ihnen dabei, besser auf den Winter vorbereitet zu sein.

NACHWINTERSCHNITT

Wenn im Herbst und Winter der Garten in die Ruhepause geht, lasst ihr die verblühten Stauden und Gräser am besten in Ruhe. Zum einen bringen sie eine traumhafte Struktur in die winterlichen Beete und zum anderen sind sie für Vögel eine wichtige Nahrungsquelle sowie ein super Winterquartier für Insekten und kleine Nagetiere. Sobald im Frühjahr die Temperaturen wieder zuverlässig über dem Gefrierpunkt liegen, ist der beste Zeitpunkt, um den Rückschnitt der verblühten Stauden aus dem Vorjahr zu erledigen. Dabei schneidet ihr alle welken Triebe einfach bodennah und nicht zu zimperlich ab.

Trotz all dieser Pflegeschnitte haben Stauden eins gemein: Sie blühen nicht das ganze Jahr über und manche, wie die Funkien *(Hosta)*, ziehen sich im Winter komplett unter die Erde zurück, während wiederum andere, wie Purpurglöckchen *(Heuchera)*, Elfenblume *(Epimedium)* und Wolfsmilch *(Euphorbia)*, als Immergrüne im winterlichen Garten noch schöne Akzente setzen.

Seid bei den beschriebenen Schnittmethoden nicht zu zimperlich. Stauden verzeihen fast jeden Fehler beim **Rückschnitt.** Seid ihr euch unsicher, probiert den jeweiligen Schnitt erstmal nur an einer Staude aus und traut euch dann im nächsten Jahr an alle anderen Stauden.

AUF EINEN BLICK: PFLEGESCHNITTE FÜR STAUDEN

Diese Tabelle gibt euch beispielhaft eine kleine Übersicht über die verschiedenen Pflegeschnitte für euren Staudengarten. Sie hat mir besonders zu Beginn sehr geholfen, die vielen Schnitte im Gartenjahr nach und nach zu verinnerlichen.

Schnittart	Deutscher Name	Botanischer Name
AUSPUTZEN	Ähriger Ehrenpreis	*Veronica spicata*
	Ballonblume	*Platycodon grandifloras*
	Bergenie	*Bergenia*
	Ehrenpreis	*Veronica longifolia*
	Fackellilie	*Kniphofia*
	Strand-Grasnelke	*Armeria maritima*
	Hohe Flammenblume	*Phlox paniculata*
	Kaukasus-Gamander	*Teucrium hircanicum*
	Kokardenblume	*Gaillardia*
	Kronen-Lichtnelke	*Lychnis coronaria*
	Mädchenauge	*Coreopsis*
	Pfirsichblättrige Glockenblume	*Campanula persicifolia*
	Prachtscharte	*Liatris spicata*
	Purpur-Sonnenhut	*Echinacea purpurea*
	Scabiose	*Scabiosa caucasica*
	Sonnenbraut	*Helenium*
	Spornblume	*Centranthus ruber*
	Stauden-Lupine	*Lupinus polyphyllus*
	Ziest	*Stachys*
REMONTIER-SCHNITT	Hornveilchen	*Viola cornuta*
	Jakobsleiter	*Polemonium caeruleum*
	Katzenminze	*Nepeta x fassenii*
	Kaukasus-Vergissmeinnicht	*Brunnera macrophylla*
	Kugeldistel	*Echinops banaticus & E. ritro*
	Nelkenwurz	*Geum*
	Rittersporn	*Delphinium*
	Schafgarbe	*Achillea millefolium*
	Steppen-Salbei	*Salvia nemorosa*
	Storchschnabel	*Geranium x magnificum & G. pratense*
	Wiesen-Witwenblume	*Knautia arvensis*

Schnittart	Deutscher Name	Botanischer Name
CHELSEA CHOP	Hohe Fetthenne	*Sedum telephium*
	Glattblatt-Aster	*Aster novi-belgii*
	Hohe Flammenblume	*Phlox paniculata*
	Purpur-Sonnenhut	*Echinacea purpurea*
	Raublatt-Aster	*Aster novae-angliae*
	Sonnenauge	*Heliopsis*
	Sonnenbraut	*Helenium*
	Sonnenhut	*Rudbeckia*
	Stauden-Sonnenblumen	*Helianthus*
RÜCK-SCHNITT NACH DER BLÜTE	Akelei	*Aquilegia*
	Frauenmantel	*Alchemilla mollis*
	Gelenkblume	*Physostegia virginiana*
	Herbst-Anemone	*Anemone-Japonica-Hybride*
	Indianernessel	*Monarda*
	Kaukasus-Vergissmeinnicht	*Brunnera macrophylla*
	Spornblume	*Centranthus ruber*
	Storchschnabel	*Geranium sanguineum, G. x cantabrigiense & G. phaeum*
	Walzen-Wolfsmilch	*Euphorbia myrsinites*
	Wasserdost	*Eupatorium cannabinum*
FRÜH-HERBST-SCHNITT	Färberkamille	*Anthemis tinctoria*
	Kaukasus-Gamander	*Teucrium hircanicum*
	Kokardenblume	*Gaillardia*
	Mädchenauge	*Coreopsis*
	Prachtkerze	*Gaura lindheimeri*
NACH-WINTER-SCHNITT	Bergminze	*Calamintha*
	Blut-Weiderich	*Lythrum salicaria*
	Brandkraut	*Phlomis samia*
	Hohe Fetthenne	*Sedum telephium*
	Großer Wiesenknopf	*Sanguisorba officinalis*
	Kerzenknöterich	*Bistorta amplexicaulis*
	Prachtspiere	*Astilbe*
	Sonnenhut	*Rudbeckia fulgida & R. triloba*
	Wiesenraute	*Thalictrum*

STAUDEN EINFACH SELBST VERMEHREN – TEILEN

Auf einen Blick in 4 Steps

1. ZEITPUNKT: Wann immer ich von einer Staude nicht genug bekommen kann, vermehre ich sie unkompliziert durch eine Teilung. Der beste Zeitpunkt ist dafür das Frühjahr oder der Herbst – achtet darauf, dass die Stauden dabei nicht in voller Blüte stehen. Eine Teilung wirkt auf eure Stauden wie ein Jungbrunnen, denn sie werden vital gehalten, sind deutlich blühfreudiger und drohen nicht zu verkahlen. Durch die Teilung könnt ihr ebenfalls den Wuchs eurer Stauden in kontrollierbarer Größe halten.

2. GARTENGERÄTE: Um eine Staude zu teilen, benötigt ihr im Grunde genommen nur einen Spaten oder eine Grabegabel und eventuell ein Gartenmesser für die dicken Rhizome von Schwertlilien (Iris). Achtet darauf, dass das Werkzeug nicht zu stumpf ist und desinfiziert es vor der Teilung. Es gibt allerdings auch Stauden, wie zum Beispiel die Weiße Wald-Aster und den Balkan-Storchschnabel (Foto), die ein sehr leichtes Wurzelwerk haben. Hier genügt es, die einzelnen Triebe mit der Hand auseinanderzuziehen.

3. TEILUNG: Um die Staude zu teilen, grabe ich sie großzügig aus und achte darauf, dass ich dabei den Wurzelballen nicht beschädige. Wählt einen geeigneten Untergrund, zum Beispiel die Wiese oder einen Trittstein, und setzt euren Spaten am besten in der Mitte an. Entscheidend ist, dass ihr jetzt nicht zu zimperlich seid, sondern das Spatenblatt mit einem festen Ruck durch den Wurzelballen stoßt. So haltet ihr die Verletzung der Wurzeln möglichst gering.

4. EINPFLANZEN: Ihr könnt eure Staude grundsätzlich in beliebig viele Teile teilen, achtet aber darauf, dass sie ungefähr einen faustgroßen Wurzelballen und mindestens zwei Triebe haben. Die kleinen neuen Stauden könnt ihr direkt wieder im Garten einpflanzen. Dazu gebe ich etwas organischen Dünger (nur im Frühjahr) und einen ordentlichen Schluck Wasser mit ins Pflanzloch, um ihnen einen optimalen Start zu gewährleisten. Alternativ könnt ihr die kleinen Stauden auch eintopfen.

STECKLINGE

1. AUSSPITZEN: Um neue Stauden aus Stecklingen zu gewinnen, schneidet ihr einige frische und vitale Triebspitzen von der Mutterpflanze ab. Die Länge der abgeschnittenen Stücke ist von Staude zu Staude unterschiedlich, sollte aber ungefähr 10 cm bis 15 cm betragen. Achtet darauf, dass diese Kopftriebe noch keine Blüten gebildet haben. Und keine Sorge, an der Mutterpflanze werden sich an dieser Stelle neue Triebe bilden, sodass ihr dort nicht auf Blüten verzichten müsst.

3. EINPFLANZEN: Damit eure Stecklinge perfekte Voraussetzungen haben, um in aller Ruhe Wurzeln zu bilden, solltet ihr sie in ein nährstoffarmes Substrat einpflanzen. Ich nehme hierzu einzelne Pflanztöpfchen und fülle sie mit einem Gemisch aus zwei Dritteln Anzuchterde und einem Drittel Sand. Ihr könnt zusätzlich einen Wurzelaktivator verwenden, verzichtet aber auf jeden Fall auf die Beigabe von Dünger.

Mit einem Pikierstab mache ich dann ein kleines Pflanzloch, stecke die Stecklinge zu zwei Dritteln hinein, drücke die Erde leicht fest und gieße das Ganze ordentlich an. Es dauert zirka sechs Wochen, bis sich ausreichend Wurzeln gebildet haben.

Alternativ könnt ihr die Stecklinge zum Bewurzeln zunächst auch in ein Wasserglas stellen, das ihr immer wieder mit frischem Wasser versorgt, und sie später dann einpflanzen.

Es gibt auch sehr robuste Stecklinge, wie von den Fetthennen, die ihr direkt wieder ins Beet pflanzen könnt. Sie kommen mit den Gegebenheiten dort super zurecht und wachsen in der Regel gut an.

2. BLÄTTER ENTFERNEN: Bevor die Stecklinge in die Erde kommen, solltet ihr die unteren Blätter entfernen. Das beugt einem Befall von Pilzen vor und sorgt außerdem dafür, dass über die Blätter nicht zu viel Wasser verdunstet wird. Bei Stauden mit großen Blättern, wie der Hohen Flammenblume *(Phlox paniculata)*, könnt ihr die Blätter deswegen zusätzlich halbieren.

4. STANDORT: Zum Schluss platziert ihr eure Stecklinge an einem hellen, warmen und geschützten Ort. Sie sollten jedoch nicht in der prallen Mittagssonne stehen, da sie dort schnell vertrocknen können. Achtet auf jeden Fall darauf, dass die Stecklinge immer ausreichend feucht stehen. Ihr könnt zusätzlich eine lichtdurchlässige Haube verwenden, zum Beispiel eine Plastiktüte, damit eure neuen Stauden schön feucht gehalten werden.

Coole Pflanzen sind gesunde Pflanzen

Neben dem richtigen Standort und den entsprechenden Pflegeschnitten empfiehlt es sich, eure Stauden mit ausreichend Nährstoffen und Wasser zu versorgen sowie auf Krankheiten und Schädlinge zu achten, damit sie kräftig wachsen und üppig blühen können.

Organischer Dünger gibt den Pflanzen Kraft für das Gartenjahr.

Stauden holen ihre ganze Kraft für Wachstum und Blüten aus ihren unterirdischen Wurzeln, Rhizomen oder Zwiebeln. Damit sie üppig wachsen und farbenfroh blühen können, empfiehlt es sich, sie vor dem Austrieb mit ausreichend Nährstoffen zu versorgen.

FUTTER FÜR EURE PFLANZEN

Die meisten Gartenböden verfügen nicht über genügend Nährstoffe, um euren Stauden vollauf gerecht zu werden, und deswegen ist eine Beigabe von Dünger unerlässlich. Dies gilt besonders auch bei Stauden in Kübeln. Direkt nach dem Rückschnitt und vor dem Austrieb bringe ich im zeitigen Frühjahr einen organischen Langzeitdünger aus. Hierbei habe ich besonders mit Pellets aus bakteriell zersetztem Rinderdung und pflanzlichem Kompost die beste Erfahrung gemacht und bin von dem Ergebnis jedes Jahr aufs Neue begeistert. Ihr könnt aber auch mit Pferdedung und Schafwolle eure Beete düngen. Damit der Dünger optimal genutzt werden kann, ist der beste Zeitpunkt eine Regenpause während ein paar Regentagen, um die Pellets in die Beete zu bringen. Zum einen werden die Nährstoffe durch den feuchten Boden gut aufgenommen, zum anderen lösen sich die Pellets durch den weiteren Niederschlag langsam auf und verteilen sich insgesamt gut in den Beeten. Alternativ könnt ihr den organischen Dünger natürlich auch mit einer Harke in eure Beete einarbeiten und im Anschluss ordentlich angießen. Neben den Pellets verteile ich zusätzlich noch ein wenig frischen Kompost in den Beeten und gebe meinen

Die richtigen Nährstoffe und Wassergaben halten eure Stauden gesund.

Pflanzen somit nicht nur zusätzliche Nährstoffe, sondern verbessere durch den erhöhten Humusgehalt gleichzeitig den Boden.

Bei einigen Starkzehrern, wie zum Beispiel Dahlien *(Dahlia)*, Rittersporn *(Delphinium)* und Steppenkerzen *(Eremurus)*, gibt es im Frühsommer eine zusätzliche Düngergabe. Grundsätzlich gilt, ab August bitte nicht mehr düngen, da sich die Pflanzen bereits zu diesem Zeitpunkt auf die kommende Winterruhe vorbereiten.

Brennnesselsud ganz einfach herstellen

Etwa 150 g Brennnesselblätter und -triebe zerkleinern und ein paar Stunden trocknen lassen. Im Anschluss 1,5 l Wasser zum Kochen bringen und über die Blätter gießen. Den Sud 24 Stunden ziehen lassen und danach die Pflanzenteile absieben. Den fertigen Sud im Mischverhältnis 1:10 mit Wasser verdünnt in eine Sprühflasche geben und auf euren Pflanzen anwenden. Den Sud am besten nach Bedarf immer frisch ansetzen.

1

2

1. Marienkäfer und ihre Larven haben einen großen Appetit und sind somit super Schädlingsbekämpfer.

2. In einem intakten Garten erledigt sich der Befall von Blattläusen oft von ganz allein.

SCHÄDLINGE UND KRANKHEITEN

Ihr habt den Stauden einen perfekten Lebensbereich in eurem Garten geschaffen, schneidet sie zur richtigen Zeit zurück, düngt sie ausreichend, teilt sie alle paar Jahre und dennoch kann es passieren, dass sie eine Pilzkrankheit bekommen oder von Läusen und Schnecken heimgesucht werden. Das ist durchaus ärgerlich, bedeutet aber noch lange nicht den Verlust der Pflanze.

Im Folgenden gebe ich euch eine Übersicht über die gängigen Schädlinge und Pilze und was ihr gegen sie unternehmen könnt.

Blattläuse

Blattläuse treten neben den Schnecken am häufigsten im Garten auf. Die Schädlinge saugen mit ihren Rüsseln Pflanzensaft aus den Stauden und können durch ihre Ausscheidungen (Honigtau) wiederum Pilze hervorrufen. Somit sind sie für eure Pflanzen doppelt schädlich.

Doch keine Panik, meistens erledigt sich das Problem mit den Blattläusen von ganz alleine. Ich habe meinen Garten so angelegt, dass er mit einer Totholzhecke und vielfältigen Beeten besonders für Fressfeinde attraktiv ist. So futtern die Larven von Marienkäfern unglaublich viele Blattläuse, und die Meisen verfüttern Blattläuse ebenso gerne an ihre Jungen. Bei Florfliegen und Schlupfwespen stehen sie ebenfalls auf der Speisekarte. Wartet also erstmal ab, bis sich ein Gleichgewicht von Nützlingen und Schädlingen von ganz alleine herstellt.

3. Mehltau ist nicht schön, könnt ihr aber ganz leicht vorbeugen.

4. Rostpilz solltet ihr frühzeitig erkennen und entfernen.

Nimmt es mit den Blattläusen dennoch Überhand, streife ich sie einfach mit der Hand (oder einem Lappen) von der Pflanze ab oder rücke ihnen beim Gießen mit dem harten Strahl des Wasserschlauchs zu Leibe. Reicht auch das nicht aus, könnt ihr zum Beispiel einen Sud aus Brennnesseln oder schwarzem Tee auf die befallenen Pflanzen sprühen.
Als wirklich letztes Mittel könnt ihr die richtig schlimm betroffenen Triebe abschneiden und über den Hausmüll entsorgen.

Echter Mehltau

Es gibt Stauden, wie Indianernessel *(Monarda),* Hohe Flammenblume *(Phlox paniculata)* und Rittersporn *(Delphinium),* die von Echtem Mehltau befallen werden. Dieser weiße Schimmel tritt zunächst an der Blattoberseite auf, kann aber die gesamte Staude befallen. Betroffene Blätter entsorgt ihr am besten über den Hausmüll. Vorbeugend hilft es, diese Stauden nur von unten zu gießen und sie weniger dicht zu setzen, damit die Blätter schneller abtrocknen können.

Rostpilz

Stauden, wie Gewöhnliche Stockrosen *(Alcea rosea),* Niedriges Johanniskraut *(Hypericum calycinum)* und Löwenmäulchen *(Antirrhinum majus),* werden häufig von dieser Pilzkrankheit befallen, wenn sie durch Trockenheit gestresst sind. Der Rostpilz zeigt sich in diesen Fällen durch gelbliche bis rotbraune Pusteln an den Blättern.
Da die Sporen auch andere Pflanzen befallen können, solltet ihr deswegen

am besten sofort einzeln betroffene Blätter absammeln und über den Hausmüll entsorgen. Stark befallene Pflanzenteile solltet ihr sogar in Gänze abschneiden.
Zur Vorbeugung gegen diesen Pilz sollten die Stauden nicht über die Blätter gegossen werden und möglichst an einem luftigen Standort stehen. Zur Stärkung der Abwehrkräfte eurer gefährdeten Stauden könnt ihr zusätzlich eine Brühe aus Schachtelhalm auf die Blätter sprühen.

Lilienhähnchen

Die schillernd roten Käfer sind besonders für Lilien eine echte Plage. Aber auch für Frühblüher, wie Kaiserkronen und Schachbrettblumen *(Fritillaria)*, können sie unangenehm werden. Die effektivste Methode zur Bekämpfung ist das Absammeln, welches jedoch einiges Geschick erfordert. Die Käfer lassen sich nämlich gerne von den Blättern auf den Boden fallen und sind dort mit ihrem schwarzen Bauch schwer auszumachen. Aber auch hier kann man auf Fressfeinde wie Vögel und Schlupfwespen zählen.

Nacktschnecken

Es gibt wohl keinen Gärtner, der keine Probleme mit Schnecken hat. In feuchten Sommern können sie zu einer echten Plage heranwachsen, der man kaum noch beikommt. Hier zahlen sich Beharrlichkeit und frühes Bekämpfen aus. Mit den Jahren habe ich festgestellt, dass nur konsequentes Absammeln und eine Anpassung der Bepflanzung wirklich weiterhelfen, weitere Infos siehe rechte Seite.

1. Lilienhähnchen sehen putzig aus, können aber großen Schaden anrichten.

2. Nacktschnecken sind im Staudengarten ein großes Ärgernis. Mit einer angepassten Bepflanzung könnt ihr es ihnen jedoch weniger schmackhaft machen.

1

2

NACKTSCHNECKEN – WAS HILFT?

BEPFLANZUNG **ANPASSEN**

Wer sich ungern mit angeknabberten Stauden abgibt, der sollte am besten seine Bepflanzung anpassen. Nicht jede Staude steht auf dem Speiseplan der Schnecken und sie machen um manch ein Blatt lieber einen großen Bogen. Durch diese Art der Beetgestaltung macht ihr euren Garten für Schnecken unattraktiv, siehe auch Seite 66–69.

GELEGE **AUFSPÜREN**

Es empfiehlt sich, bereits im Frühjahr im Kampf gegen die Schnecken aktiv zu werden. Da eine Schnecke Hunderte Eier legen kann, lohnt es sich, gezielt die Gelege in Ritzen und unter Pflanztöpfen aufzuspüren und zu entsorgen.

Auch wenn es mühselig ist, aber die effektivste Methode ist es, die Schnecken in der Dunkelheit mit einer Stirnlampe am Kopf mit den Händen abzusammeln. In regenreichen, warmen Monaten kommen so schnell einige hundert Schleimer jeden Abend zusammen.

GROSSER **TIGERSCHNEGEL**

Er ist euer Freund unter den Schnecken und der Grund, warum ich Schneckenkorn ablehne. Nachts geht er auf die Jagd und futtert mit Vorliebe die Eier der ungewollten Nacktschnecken. Auch ganz junge Nacktschnecken verschmäht er dabei nicht. Wenn ihr ihn in euren Beeten seht, könnt ihr euch also freuen.

FUNKIEN-SCHUTZ

Wer auf Funkien nicht verzichten will, stellt sie zum Beispiel in Töpfe auf einen Tisch.

„TRICKS“ HELFEN AUF DAUER NICHT

Ich habe festgestellt, dass sogenannte Tricks wie Bierfalle, Kaffeesatz & Co nicht wirklich helfen. Entweder lockt ihr noch mehr Schnecken in euren Garten oder ein Regenguss wäscht die Barriere zum Beispiel aus altem Kaffeepulver hinfort.

Das richtige Gießverhalten ist ein wichtiger Schlüssel für gesunde Stauden und einen pflegeleichten Garten.

WIE VIEL WASSER BRAUCHEN STAUDEN WIRKLICH?

Das Thema Wasser beschäftigt uns durch den Klimawandel immer mehr und es empfiehlt sich, beim Wasserverbrauch auch im eigenen Garten genauer hinzuschauen. Eine Regentonne oder eine Zisterne sind für eine nachhaltige Wassernutzung definitiv sinnvoll, doch nicht in jeden Garten lassen sich die zum Teil recht großen und teuren Zisternen einbauen.

Clevere Beetplanung

Grundsätzlich empfehle ich schon vorab bei der Bepflanzung auf den Wasserbedarf der einzelnen Stauden zu achten, da sich dieser von Pflanze zu Pflanze signifikant unterscheiden kann. So könnt ihr zum Beispiel einen Präriegarten oder ein Magerbeet anlegen, wo sich sogenannte Trockenheitskünstler wohlfühlen und auch ohne eure Wasserbeigaben auskommen.

Da das Wetter aber immer unberechenbarer wird und auf einen sehr trockenen Sommer ein nasser Herbst folgen kann, ist es sinnvoll, bei der Beetanlage auf eine ausreichende Drainage bei euren Trockenheitskünstlern zu achten. Ohne eine natürliche Entwässerung könnte sich schnell Staunässe bilden, die dafür sorgt, dass eure Stauden regelrecht absaufen und im nächsten Jahr nicht wiederkommen.

Neben dem Blick auf den Wasserbedarf eurer Stauden hilft auch eine dichte Bepflanzung und ein Mulchen der Beete. Das Wasser wird durch diese beiden Maßnahmen in Bodennähe gehalten und verdunstet nicht ungenutzt.

So gießt ihr richtig

Mit den Jahren habe ich aber nicht nur die Bepflanzung in meinen Beeten, sondern auch mein Gießverhalten immer mehr angepasst. Grundsätzlich gieße ich nur, wenn es in den heißen Sommermonaten unumgänglich ist. Hierbei wässere ich zwei- bis dreimal in der Woche die Beete mit 20 bis 30 Litern pro Quadratmeter richtig ordentlich. Auf diese Weise gelangt das Wasser in tiefere Bodenschichten und ich rege meine Stauden ebenfalls dazu an, tiefere Wurzeln zu bilden.

Wenn nun an trockenen Tagen die oberen Bodenschichten austrocknen, können sich die Stauden aus den tieferen Bodenschichten selbstständig mit Wasser versorgen. Würde ich hingegen jeden Tag ein bisschen gießen, würden meine Pflanzen lediglich oberflächlich wurzeln und kämen durch die flachen Wurzeln überhaupt nicht mit trockenen Perioden klar.

Von dieser Regel nehme ich jedoch Stauden in Töpfen aus, da sie stärker vom Austrocknen betroffen sind und keine tieferen Wurzeln bilden können. Gerade an trockenen Tagen solltet ihr deswegen besonders den Wind im Auge behalten, da er die Töpfe sehr schnell austrocknen lässt.

Fürs Gießen selbst ist der beste Zeitpunkt der frühe Morgen, wenn die Sonne noch nicht am Horizont zu sehen ist. Da dies für viele Berufstätige jedoch kaum zu schaffen ist, könnt ihr auch auf die Abendstunden ausweichen, selbst wenn dies den Nacktschnecken durchaus entgegenkommt. Durch die geringeren Temperaturen zu diesen Tageszeiten und ohne direkte Sonneneinstrahlung verdunstet deutlich weniger Wasser und es bleibt dort, wo es gebraucht wird.

Es empfiehlt sich ebenfalls nicht, die gesamte Pflanze von oben zu wässern, sondern mit einem Gießstab gezielt und wurzelnah an der Basis. Durch diese Methode verdunstet das Wasser nicht ungenutzt auf den Blättern oder sorgt schlimmstenfalls für Pilzkrankheiten.

Die beste Art zu gießen ist übrigens die Tröpfchenbewässerung mit einem speziellen Schlauch, der über kleine Poren kontinuierlich Wasser in kleinen Mengen bodennah an die Pflanzen abgibt. Das spart Wasser und auch eine Menge Zeit. Dieser Schlauch muss jedoch vorab aufwendig durch eure Staudenbeete verlegt werden und bedeutet somit einiges an (finanziellem) Aufwand.

Taucht eure neuen Stauden vor dem Pflanzen mit dem **Wurzelballen** in einen Wassereimer ein und wartet, bis keine Bläschen mehr nach oben steigen. So bekommen eure neuen Pflanzen zum Start genügend Wasser.

Wenn ihr mal von oben gießen müsst und die Tülle verlegt habt, könnt ihr mit Panzertape und einem Esslöffel ganz leicht Abhilfe schaffen.

TROCKENHELDEN & MINIMALISTEN

Name	Boden	Licht	Blüte
Purpurkratzdistel *(Cirsium rivulare)*	Feucht	Sonne	Mai–August
Weißer Wasserdost *(Eupatorium fistulosum)*	Feucht	Sonne, Halbschatten	Juli–September
Gelbe Sumpf-Schwertlilie *(Iris pseudacorus)*	Feucht	Sonne	Mai–Juli
Blut-Weiderich *(Lythrum salicaria)*	Feucht	Sonne, absonnig, Halbschatten	Juli–September
Bergwald-Storchschnabel *(Geranium nodosum)*	Trocken	Schatten, Halbschatten	Juni–Oktober
Blaue Katzenminze *(Nepeta x faassenii)*	Trocken	Sonne	Mai–Juli + September
Prachtkerze *(Gaura lindheimeri)*	Trocken	Sonne	Juli–Oktober
Polster-Glockenblume *(Campanula portenschlagiana)*	Trocken	Sonne, absonnig, Halbschatten	Juni–September
Steppen-Salbei *(Salvia nemorosa)*	Trocken	Sonne	Juni–September
Hohe Fetthenne *(Sedum telephium)*	Trocken	Sonne	Juli–September
Gewöhnlicher Natternkopf *(Echium vulgare)*	Trocken	Sonne	Juni–September
Rote Spornblume *(Centranthus ruber)*	Trocken	Sonne	Juni–September

Name	Boden	Licht	Blüte
Mannstreu *(Eryngium)*	Frisch	Sonne	Juli–August
Gewöhnlicher Sonnenhut *(Rudbeckia fulgida)*	Frisch	Sonne	August–September
Kissen-Aster *(Aster dumosus)*	Frisch	Sonne	September–Oktober

1

1. Die Edeldistel mag es gerne frisch, kann Trockenheit aber gut vertragen.

2. Fetthennen sind wahre Trockenheitskünstler. Ihnen machen heiße Sommer nichts aus.

2

WAS MACHE ICH MIT STAUDEN IM WINTER?

ÜBER-
WINTERN
LEICHT
GEMACHT

Stehen lassen

Den größtmöglichen Winterschutz bietet ihr euren Stauden, wenn ihr das Verblühte stehenlasst. Hier finden nicht nur Tiere Unterschlupf; die Stauden halten ihre Wurzeln mit der welken Pflanzenmasse warm und schützen sie so vor dem Frost.

Töpfe umwickeln

Stauden in Töpfen sind schneller vom Frost bedroht als im Beet. Deswegen werden sie von mir in wiederverwendete Noppenfolie eingewickelt und an einen geschützten, sonnigen Ort in der Nähe der Hauswand gestellt. Zudem stelle ich sie auf eine Palette, damit sie keinen Frost von unten bekommen. Achtet bei den Topfpflanzen darauf, dass sie eine Drainageschicht haben, damit sie nicht von Staunässe bedroht werden.

Laub als kostenloser Schutz

Im Herbst sammle ich das zusammengefegte Laub ein und verteile es in den Beeten. Die Blätter sorgen dafür, dass empfindliche Wurzeln keinen Frost abbekommen und optimal geschützt sind. Außerdem finden im Laub viele Insekten Unterschlupf. In einem Jutesack lässt sich Laub zusätzlich schützend um größere Töpfe stellen.

Pflanzzeit

Die nasskalten Monate eigenen sich, um eure Gartenprojekte zu realisieren. Auch wenn ihr bis ins nächste Gartenjahr warten müsst, um ein blühendes Resultat zu sehen, ist vor dem Frost die perfekte Pflanzzeit. Das feuchte Klima sorgt dafür, dass eure Stauden schnell wurzeln und gestärkt in den Winter gehen. Im nächsten Frühjahr treiben sie dann mit frischen Trieben aus und belohnen eure Geduld mit den schönsten Blüten. Nehmt dabei bitte auf die Hummelköniginnen Rücksicht, die sich auch zum Überwintern ins Erdreich eingraben können.

Tannenbäume

Nach Weihnachten laufe ich durch die Nachbarschaft und sammle die Tannenbäume ein. Die Zweige sind nämlich ein super und kostenloser Winterschutz, den ich einfach auf die Stauden lege. Darunter bleibt es auch in frostigen Nächten kuschelig warm.

Vorsicht!

Auch beim Winterschutz sind nicht alle Stauden gleich. Besonders nicht-heimische Stauden, wie Buschmalve (*Lavatera Olbia*-Hybriden), Schmucklilie *(Agapanthus)* und Dahlien *(Dahlia)*, sind nur bedingt winterhart und benötigen deutlich mehr Schutz als zum Beispiel Blut-Weiderich *(Lythrum salicaria)*, Wiesenknopf *(Sanguisorba officinalis)* und Nachtkerze *(Oenothera biennis)*, die sich im Beet auch von Starkfrösten wenig beeindrucken lassen. Bei immergrünen Stauden, wie Purpurglöckchen *(Heuchera)*, Schwarzblättriger Schlangenbart *(Ophiopogon planiscapus)* und Bergenien *(Bergenia)*, solltet ihr darauf achten, dass das Laub nicht die Pflanzen komplett bedeckt, da sie sonst faulen oder von Pilzen befallen werden.

Denkt auch an die Tiere!

Da ihr euren Staudengarten in dieser Jahreszeit weitestgehend in Ruhe lassen könnt, habt ihr genügend Zeit, um euch um die Gartenbewohner zu kümmern. Stellt Vogelfutter bereit, vielleicht noch eine Futterbox für Eichhörnchen, ein Hotel für die Igel und eine frostsichere Wasserstelle.

EINFACH TOLLE BEETE ANLEGEN

DEN GARTEN ENTDECKEN & BEETE GESTALTEN

Nehmt euch zu Beginn einen Stuhl und wandert mit ihm durch euren Garten. So lernt ihr euer zukünftiges Staudenparadies aus vielen Perspektiven kennen und es entsteht vielleicht schon ein Bild in eurem Kopf.

Struktur für deinen Garten

Ein Garten lebt nicht nur von seinen blühenden Beeten. Er kommt erst durch gut platzierte Sitzplätze, abwechslungsreiche Gartenzimmer, geschwungene Wege und spannende Sichtachsen zu seiner vollen Geltung.

Wenn ihr ein neues Beet oder sogar einen neuen Garten plant, dann solltet ihr vor allem Zeit und Geduld einplanen. Ein Garten ist schließlich niemals fertig und eure Pflanzen brauchen Zeit zum Wachsen.
In meinen Augen ist es deswegen unglaublich wichtig, dass ihr zunächst euren Garten kennenlernt. Damit meine ich nicht nur, dass ihr den Sonnenstand und die Beschaffenheit eures Bodes kennt, sondern auch die verschiedenen Perspektiven, die euer Grundstück zu bieten hat.
Gibt es hinter dem Garten einen besonders schönen Ausblick ins Grüne? Wie könnt ihr euer Haus mit dem Garten verbinden?
Möchtet ihr euch eventuell vor ungewünschten Einblicken der Nachbarn schützen?
Darüber hinaus solltet ihr euch ebenso im Klaren darüber sein, welche Ansprüche ihr an euren Garten stellt: Sollte alles möglichst pflegeleicht sein? Möchtet ihr eine Grillecke oder vielleicht sogar eine ganze Outdoorküche? Bekommen Kinder und Haustiere genügend Raum zum Spielen und Toben? Gibt es vielleicht sogar einen Platz für eine Feuerschale und einen Pool? Aufgrund dieser Fragestellungen bin ich vor über zehn Jahren einige Tage mit der Kaffeetasse in der Hand durch den damals noch sehr leeren Garten gelaufen, habe mich an vielen Stellen hingesetzt und alles auf mich wirken lassen.
Ich habe mir vorgestellt, wo ich eine gemütliche Sitzecke für die Abendstunden entstehen lassen kann und an welcher Stelle ein Sonnenbeet und ein Rondell im Schatten am besten passen.
Dabei war es mir wichtig, nichts zu überstürzen, denn ein schöner Garten braucht vor allem Zeit. Für das erste Jahr habe ich mir deswegen bewusst nur ein Inselbeet und einen Sitzplatz vorgenommen. Nach der Fertigstellung bin ich wieder mit meinem Stuhl durch den Garten gewandert, um mir weitere Projekte, wie einen Steinhügel, in Gedanken vorzustellen.

Im Schatten kann man gut entspannen und den Garten von der Holzbank aus genießen.

SITZPLÄTZE

Das wichtigste Gestaltungselement in eurer Gartenplanung sollten die Sitzplätze sein. Wenn mich der Garten eins gelehrt hat, dann ist es die Tatsache, dass man nie genug Sitzplätze haben kann. Ein Garten lebt davon, dass er mehr als einen Sitzplatz direkt am Haus hat.
Für die anstehende Beetgestaltung ist es wichtig, dass ihr euch zunächst überlegt, wo ihr eure Sitzplätze platzieren möchtet.
Grundsätzlich empfiehlt es sich am Stand der Sonne zu überlegen, wo Sitzplätze im Garten Sinn ergeben. Natürlich ist es schön in der Sonne zu sitzen, aber gerade in den heißen Sommermonaten ist ein kühles Plätzchen im Schatten ebenfalls sehr viel wert.

Ihr solltet die Sitzgelegenheiten außerdem an eure Bedürfnisse anpassen und zum Beispiel um einen Grillplatz, eine Feuerschale oder eine Wasserstelle ergänzen.

BEETFORMEN

Habt ihr eure Sitzplätze gefunden, könnt ihr um sie herum eure Beete planen. Es gibt schließlich nichts Schöneres, als inmitten von Stauden, Gräsern und Gehölzen zu sitzen.
Bei den Beeten ist es mir wichtig, dass sie nicht nur durch die Bepflanzung hervorstechen, sondern auch durch ihre Form. Hierbei bevorzuge ich geschwungene Formen, die Abwechslung schaffen und das Auge zum Wandern einladen. Traut euch und überrascht mit einer ungewöhnlichen Form.

SICHTACHSEN

Eure Sitzplätze und Beete lassen automatisch Sichtachsen entstehen, die euren Garten zu etwas ganz Besonderem werden lassen und somit ein sehr wichtiges Element der Gartengestaltung darstellen. Wie viel spannender ist es, einen Garten nicht mit einem Blick zu erfassen, sondern ihn Schritt für Schritt zu erkunden und sogar beim x-ten Durchgang noch etwas Neues zu entdecken?
Dabei spielt die Größe des Gartens gar keine so große Rolle, sondern vielmehr die verschiedenen Perspektiven. Besteht der Garten in der Mitte nur aus einer dominanten Rasenfläche mit einem kleinen Beetstreifen ringsherum, dann gibt es in diesem Garten auch meist nicht viel zu erkunden.

Geschwungene Wege machen den Garten interessant und wecken die Neugier.

Ob gepflasterte Natursteine, Trittsteine, Kies oder Pinienrinde: seid bei der Weggestaltung kreativ und spielt mit den verschiedenen **Materialien.** So schafft ihr Abwechslung und weckt Interesse.

Der sonnige Sitzplatz mit den zwei gemütlichen Adirondack-Stühlen lädt zum Verweilen ein.

Doch ein Garten soll überraschen, für Aha-Momente sorgen und das schafft man nur, indem man die Sichtachsen bricht.
Unser Garten bestand zu Beginn aus eben dieser raumgreifenden Rasenfläche und ich habe als Erstes ein großes Inselbeet mitten auf diese Fläche gepflanzt. Plötzlich gab es einen magischen Anziehungspunkt, der alle Blicke auf sich zog und man musste um dieses Beet herumlaufen, um alle Pflanzen zu betrachten. Kurze Zeit später habe ich mir direkt davor ein zweites Beet, wieder mitten auf der Wiese, überlegt und unter anderem eine Harlekinweide gepflanzt. Aufgrund des kleinen Bäumchens musste man nun an diesem Beet vorbeilaufen, um das andere Beet in Gänze zu sehen. Ihr merkt, es bedurfte im Grunde nur zwei zentraler Beete und der Garten wollte entdeckt werden und hatte an Attraktivität gewonnen. Aus dem ersten Inselbeet ist übrigens nur zwei Jahre später ein Steinhügel geworden, der unseren Garten nun so unverwechselbar macht.

GARTENWEGE

Bei den Wegen verfolge ich dasselbe Credo wie bei den Beetformen: bloß nicht zu gradlinig. Eure Wege sollen die Besucher in den Garten hineinziehen und mit geschwungenen Formen neugierig machen, was sich zum Beispiel hinter einem Baum oder einer Hecke verbirgt.

Durch gestalterische Vielfalt kreiert ihr abwechslungsreiche Gartenzimmer.

Der Kreativität sind im Beet keine Grenzen gesetzt und oft findet sich im Sperrmüll oder auf dem Flohmarkt ein tolles Objekt zum **Upcyclen,** das das zu einem Highlight in eurem Beet werden kann.

STRUKTUR IN DEINEN BEETEN UND SCHÖNE KOMBINATIONEN

Neben der Gestaltung von Wegen, Sitzplätzen, Sichtachsen und Beetformen spiele ich innerhalb der Beete gerne mit den konkreten Pflanzen. Hierbei kombiniere ich Stauden mit Bäumen, Gräsern und Sträuchern, die mit ihrem Wuchs, ihren Blüten, Blättern und Farben Abwechslung schaffen und beim Betrachter Neugierde wecken. Dabei setze ich gezielt die verschiedenen Höhen der einzelnen Pflanzen ein, um eine interessante und lebendige Struktur im Beet zu schaffen.

Mit Bodendeckern gestalten

Selbstverständlich setze ich niedrige Bodendecker wie Polster-Thymian *(Thymus praecox)* oder Polster-Glockenblume *(Campanula portenschlagiana)* nach vorne im Beet. Doch dahinter staffele ich meine Stauden, Gräser und Gehölze niemals wie die Orgelpfeifen, sondern arrangiere sie zu einem abwechslungsreichen Gesamtbild. Ich mag es zum Beispiel, wenn filigrane Stauden wie Kugelkopfiger Lauch *(Allium sphaerocephalon),* Patagonisches Eisenkraut *(Verbena bonariensis)* und Großer Wiesenknopf *(Sanguisorba officinalis)* zwischen raumgreifenden Stauden wie Funkien *(Hosta),* Frauenmantel *(Alchemilla)* oder Blutrotem Storchschnabel *(Geranium sanguineum)* in die Höhe schießen.
Passt ihr die Wuchsformen und -höhen aufeinander an, könnt ihr wahre Bilder in den Garten zaubern. Eure Staudenbeete können wie ein Meer voller Wellen daherkommen oder wie eine zerklüftete Berglandschaft. So gelingt es euch, dass das Auge des Betrachters durch die Beete wandert und viele Highlights entdecken kann.

Halbsträucher

Komplementär zu der Staudenbepflanzung setzte ich außerdem gerne auf Halbsträucher wie Blauraute *(Perovskia atriplicifolia)* und Echter Lavendel *(Lavandula angustifolia)*. Ihre Blüten und Wuchsformen kommen den Stauden ziemlich nahe und sie sind echte Bienenmagnete. Im Winter bleiben sie dann oberirdisch stehen und geben dem Garten ebenso eine zusätzliche Struktur. Besonders mit dem Echten Lavendel habe ich gute Erfahrungen bezüglich der Winterhärte gemacht und würde ihn immer gegenüber dem Schopf-Lavendel *(Lavandula stoechas)* vorziehen.

Ziergräser

Neben dem Mix aus unterschiedlichen Stauden setze ich vor allem auf Ziergräser wie Reitgras *(Calamagrostis)*, Lampenputzergras *(Pennisetum)*, Rutenhirse *(Panicum virgatum)*, Federgras *(Stipa)* und Chinaschilf *(Miscanthus)*, die aufgrund ihrer späten Blüten schöne Akzente kreieren und für eine spielerische Leichtigkeit sorgen. Besonders im Winter, wenn sich viele Stauden ins Erdreich zurückziehen, sorgen sie für eine tolle Struktur im Beet und verzaubern im morgendlichen Raureif.

1. Die Blauraute sorgt für eine filigrane Leichtigkeit im Beet.

2. Die unterschiedlichen Höhen der einzelnen Stauden leiten die Blicke durch das Beet und schaffen eine attraktive Struktur.

2

1

Gehölze

Des Weiteren habe ich auch einige Solitärgehölze in meinen Beeten, die immer einen zentralen Blickfang darstellen. Ihr solltet diese Gehölze als Erstes im Beet platzieren und eure Stauden rundherum nach beschriebenem Muster pflanzen. Schöne Akzente setzen zum Beispiel der Fächer-Ahorn (*Acer palmatum* 'Summer Gold') oder der Japanische Blumen-Hartriegel *(Cornus kousa)*. Ebenso sind die als Hochstamm gezogenen Ziersträucher wie Harlekinweide (*Salix integra* 'Hakuro Nishiki') und Mandelbäumchen *(Prunus triloba)* eine tolle Ergänzung zu euren Stauden.

Dekoelemente

Darüber hinaus solltet ihr weitere Gestaltungs- und Dekoelemente in euren Beete einplanen. Die langen Triebe der Blauen Katzenminze (*Nepeta* x *faassenii*), der Blauraute *(Perovskia atriplicifolia)* und dem Kaukasus-Gamander *(Teucrium hircanicum)* sehen einfach unglaublich toll zwischen den einzelnen Staketen eines Zauns aus. Säulen und Stelen wiederum umspiele ich gerne mit hochwachsenden Stauden wie Kerzenknöterich *(Persicaria amplexicaulis)*, der mit seiner langen Blühdauer zusätzlich punktet.

Töpfe & Gefäße

Als weiteres Gestaltungselement bleibt euch natürlich noch die Topfbepflanzung. Hier geben euch die verschiedenen Formen, Farben und Größen der Gefäße vielfältige Möglichkeiten, einen erhöhten Punkt im Beet zu schaffen. Ich setze zum Beispiel unglaublich gerne Funkien *(Hosta)* in Töpfe und lasse ihre Blätter wie Wolken ineinander übergehen.

1. Die kleine Schnecke ist der Hingucker im Staudenbeet und eine tolle Ergänzung zu den vielen Blüten.

2. Töpfe sind ein schönes Gestaltungselement, um Stauden im Beet hervorzuheben.

1

2

STAUDEN-SUPPORT: DIY-RANKHILFE

Es gibt Stauden wie den Kerzenknöterich und die Pfingstrose, die überzeugen mit üppigem Wuchs. Damit sie jedoch den anderen Stauden nicht zu sehr auf den Leib rücken und bei starkem Regen auseinanderfallen, stütze ich sie mit einer selbstgebauten Staudenstütze.

MATERIAL Ich arbeite im Garten gerne ohne viel Schnickschnack und mit natürlichen Materialien, die ich im besten Falle wiederverwerten kann. Deswegen greife ich bei der Staudenstütze auf Abschnitte von Gehölzen zurück, aus denen ich ein unterstützendes Gerüst baue. Die Äste sollten am besten getrocknet sein. Sind sie zu frisch, könnte es passieren, dass sie wurzeln und neu austreiben. Als Material eignen sich zum Beispiel Haselnussäste.

VERANKERUNG Damit die Äste stabil im Boden stehen und nicht so leicht umfallen, solltet ihr sie tief genug ins Erdreich schlagen. Um den Kraftaufwand möglichst gering zu halten, säge ich die Enden der Gehölzabschnitte zuvor mit einer Laubsäge schräg an. Außerdem schaue ich, dass die Stützen eine natürliche Astgabel am oberen Ende haben, in die eine Querstange gelegt werden kann.

GRUNDGERÜST Das Grundgerüst der Stützen richte ich an den Stauden aus. Meist lehnen sie sich in Richtung der Sonne, sodass sie nur von vorne etwas Unterstützung brauchen. In diesem Falle schlage ich zwei Äste jeweils am Anfang und am Ende der Staude mit einem Pflasterhammer vorsichtig in die Erde. Ihr könnt zusätzlich mit der Gartenschaufel ein kleines Loch ausheben, dann geht das Einschlagen von ganz alleine.

VERSCHRAUBEN Nachdem ich die Pfosten für mein Grundgerüst vor bzw. um die Staude herum platziert habe, lege ich die Querstangen in die Astgabeln oder verschraube sie mit einem Akkuschrauber. Bohrt die Äste unbedingt vor, sonst spaltet ihr das Holz mit den Schrauben. Ich verwende Edelstahlschrauben, da diese in der Witterung nicht rosten. Wer gut im Knoten ist, kann die Konstruktion natürlich auch kunstvoll verknoten.

SO PFLANZT DU STAUDEN GANZ KONKRET

8 Schritte im Überblick

1. WASSERSCHLAUCH: Wenn ich ein neues Beet plane, dann lege ich die Beetform zunächst mit Hilfe eines Wasserschlauchs auf der Rasenfläche aus. Der Schlauch lässt sich nach Herzenslust in Form bringen und gibt euch eine erste Orientierung. Wenn ihr mit dem Ergebnis zufriedenen seid, schaut euch das Ganze unbedingt noch einmal von erhöhter Position (Fenster im ersten Stock, Leiter etc.) aus an. Meist springt einem dann noch eine Kleinigkeit ins Auge, die die Beetform perfektioniert.

2. RASEN IN STÜCKE STECHEN: Mit dem Spaten oder Rasenkantenstecher geht ihr danach direkt am Wasserschlauch entlang und stecht das zukünftige Beet ab. Sobald die Grundform festgelegt ist, könnt ihr die Grasnarbe entfernen. Dazu stecht ihr den Rasen in viele kleine, handliche Quadrate, die ihr recht leicht mit dem Spaten lösen könnt. Die Grassoden lege ich umgedreht auf den Kopf und lasse sie einige Zeit trocknen, damit ich später den kostbaren Mutterboden nutzen kann.

3. BEETUMRANDUNG: Euer Beet liegt nun ausgestochen vor euch und ihr habt die Qual der Wahl, was die Umrandung angeht. Lasst ihr die Rasenkante natürlich stehen, legt ihr Natursteine, Totholz oder Pflastersteine als Begrenzung oder ihr setzt sogar ein kleines Mäuerchen. Auch hier sind eurer Kreativität keine Grenzen gesetzt und ihr könnt innerhalb eures Gartens viele verschiedene Ideen umsetzen, siehe weitere Infos Seite 54–55.

4. ERDE VORBEREITEN: Bevor es an die konkrete Bepflanzung des neuen Beetes geht, grabe ich den Mutterboden einmal spatentief um, hacke alles ordentlich durch und ziehe ihn glatt. Meist finde ich dabei noch verschiedene Wurzeln von Beikräutern, die unterhalb der Grassode liegen, und entferne sie. Sollte die Erde insgesamt zu schwer erscheinen, gebt ruhig etwas Sand hinzu. Für die Verbesserung des Bodens könnt ihr ebenso etwas frischen Kompost beimischen und alles gut durchharken.

5. PFLANZTÖPFE STELLEN: Zunächst stelle ich die Pflanztöpfe mit allen Stauden ins Beet. Dabei achte ich darauf, dass ich die Pflanzabstände in etwa einhalte und die Pflanzen ein schönes Gesamtbild abgeben. Da ich ein sehr visueller Mensch bin, kann es sein, dass sich beim Stellen der Töpfe meine schriftlichen Überlegungen noch einmal ändern und ich die Stauden im Beet anders arrangiere als auf dem Papier. Häufig wird empfohlen, immer drei Stauden von derselben Sorte im Dreieck zu pflanzen. Ich halte mich jedoch meist nur bei kleineren, filigraneren Stauden an diese Regel. Schaut einfach, wie es euch am besten gefällt.

Beachtet, dass ihr die wenigsten Stauden in ihrem vollen Ausmaß kauft bzw. pflanzt. Eure Stauden werden sich mit den Jahren ausbreiten und benötigen deswegen schon zu Beginn etwas mehr Platz. Die Lücken zwischen den Stauden könnt ihr im ersten Jahr mit einjährigen Pflanzen füllen oder eine Mulchschicht aufbringen.

6. WURZELBALLEN WÄSSERN: Nachdem ihr eure Stauden alle im Beet zur Stellprobe habt, empfehle ich vor dem konkreten Pflanzen die Wurzelballen zu wässern. Dafür stelle ich die Staude mitsamt Topf in einen Wassereimer und tauche sie so lange ein, bis keine Luftblasen mehr zu sehen sind. Alle Hohlräume sind nun eingeschlämmt und die Staude ist vor dem Einpflanzen optimal gewässert.

7. WURZELN LÖSEN: Da die Pflanztöpfe – besonders aus dem Gartencenter oder Baumarkt – oft sehr stark durchwurzelt sind, solltet ihr die äußeren Wurzeln vorsichtig mit der Hand lösen, damit die Pflanze im Beet schneller Fuß fassen kann. Ihr könnt den Wurzelballen auch mit der Gartenschere an einigen Stellen anschneiden, das schadet der Staude nicht.

8. EINPFLANZEN: Das Pflanzloch hebe ich ungefähr doppelt so groß aus und gebe zum Schluss noch etwas organischen Dünger (denkt dran, nur vom Frühjahr bis August!) sowie einen ordentlichen Schuss Wasser hinein. Dann darf die Staude endlich in ihr neues Beet einziehen. Noch kurz andrücken. Fertig!

DER PERFEKTE RAHMEN FÜR DEIN BEET

Wege

Ihr könnt eure Beete auch direkt an einen gepflasterten Weg grenzen lassen. Achtet nur darauf, dass bei Regen keine Erde in die Pflasterung gespült wird. Ich mag es sehr, wenn sich die Stauden ein wenig über die Pflastersteine legen und somit die Form des Weges minimal aufbrechen.

Rasenkante

Nach dem Abstechen des Beets könnt ihr mit dem Rasenkantenstecher eine glatte Rasenkante ziehen. Das Beet sollte optimalerweise einige Zentimeter unter der Grasnarbe liegen und verhindern, dass die Wiese direkt wieder in das Beet hineinwächst. Bei uns im Garten bringe ich die Rasenkanten im Frühjahr mit dem Rasenkantenstecher in Form und ziehe sie danach alle paar Wochen mit der Heckenschere oder dem Jäter nach.

Naturstein

Eine Beetbegrenzung mit Natursteinen ist ein toller Hingucker im Garten. Ich lege die Steine direkt an der Rasenkante ins Beet und schlage sie mit einem Pflasterhammer leicht ein. Aufgrund ihres Gewichts verzichte auf einen Unterbau und kann somit ohne großen Aufwand das Beet wieder verändern. Bedenkt dabei, dass ihr euren angrenzenden Rasen an den Steinen mit einem Rasenkantenschneider kürzen müsst.

Mauern

Ob aus alten Ziegeln oder eine lose gestapelte Trockenmauer aus Natursteinen, eine Mauer bereichert immer den Garten. Je nach Konstruktion hebt sie das Beet ein Stück an und sorgt für ein zusätzliches Gestaltungselement. Des Weiteren bietet sie in ihren Ritzen und Nischen Platz für typische Steinpflanzen, wie den Scharfen Mauerpfeffer *(Sedum acre)*, und ist gleichzeitig ein Unterschlupf für Tiere.

Beetabschluss

Sofern ihr kein Inselbeet mitten auf der Wiese anlegt, sollte ein Beet nicht nur vorne eine schöne Kante, sondern auch einen gelungenen Abschluss haben.
Da die wenigsten Beete direkt mit einer Häuserwand abschließen, empfiehlt es sich, zunächst diesen Teil des Beets zu gestalten. Hier könnt ihr zum Beispiel eine bunte Hecke aus blühenden Gehölzen, wie Kornelkirsche *(Cornus mas)*, Weißdorn *(Crataegus)* und Perlmuttstrauch *(Kolkwitzia amabilis)*, oder eine immergrüne Hecke aus Eiben *(Taxus)* und Gewöhnlichem Liguster *(Ligustrum vulgare)* pflanzen. Ihr könnt aber auch eine antike Mauer beziehungsweise einen dekorativen Zaun gestalten. Auch hier sind eurer Kreativität keine Grenzen gesetzt.

Zaun

Ich mag es sehr, wenn ein Beet von einem Staketenzaun umgeben wird. Besonders Stauden mit langen Blütenähren, wie der Kaukasus-Gamander *(Teucrium hircanicum)*, sehen in Kombination mit den Holzstaketen einfach wunderschön aus und geben dem Garten ein romantisches Flair.

Totholz

Ähnlich wie die Natursteine, könnt ihr auch Totholz in Form von stabilen Ästen als Beetbegrenzung verwenden. Legt sie einfach direkt an eurer Rasenkante mit ins Beet. Mit der Zeit werden sie von Moos bedeckt und bieten eine schöne Optik. Zudem ist die Form dieser Beete sehr leicht zu verändern.

WOHLFÜHL-STAUDENPARADIES

Der Garten ist euer Refugium und ihr solltet die Pflanzen deswegen in erster Linie für euch aussuchen. Berücksichtigt ihr dieses Credo bei der Planung, dann sollte eurem Wohlfühl-Staudenparadies nichts mehr im Wege stehen.

Meine acht Beetideen mit Lieblingsstauden

Meine Lieblingsstauden sind solche, die nicht nur pflegeleichte Dauerblüher sind, sondern dabei auch ohne Allüren daherkommen. Auf den folgenden Seiten stelle ich euch deswegen Beetideen mit Stauden vor, die sich allesamt bei uns im Garten etabliert und jahrelang bewährt haben.

In meinen Beetideen gibt es verschiedene praktische Dinge, die ich euch für eure eigene Planung unbedingt ans Herz legen möchte. Doch eine Sache steht bei all diesen Vorschlägen immer ganz dick oben drüber: Es geht um euren Garten. Er muss euch gefallen und niemand anderem. Seid euch dessen immer bewusst.

STAUDEN-CHECK – WER DARF INS BEET?

In unserem Garten mag ich gerne Stauden, die ohne großen Aufwand wachsen, robust und vital sind und jedes Frühjahr problemlos wiederkommen. Außerdem muss eine Staude mehr bieten als bloß eine traumhafte Blüte für ein paar Wochen. Am liebsten mag ich es, wenn sie dabei – wie die Hohe Fetthenne *(Sedum telephium)* – in allen vier Jahreszeiten eine Bereicherung für den Garten sind. Ich achte also neben der Blütezeit bei vielen Stauden auch auf einen attraktiven Austrieb sowie dekorative Samenstände im Herbst und Winter. Darüber hinaus setze ich vor allem auf richtig winterharte Stauden, die ich ohne großen Aufwand mit einer wärmenden Laubschicht oder ein paar Tannenzweigen als Winterschutz das ganze Jahr im Beet lassen kann. Außerdem achte ich darauf, dass sich meine Stauden nicht zu stark ausbreiten, sondern über die Jahre hinweg ein moderates Wachstum haben. Stauden wie den Goldfelberich *(Lysimachia punctata)* setze ich aufgrund ihrer rasanten Ausdehnung lieber direkt in großzügige Töpfe anstatt ins Beet. Zudem wähle ich Stauden, die ich nicht allzu vehement gegen Schnecken verteidigen muss. Insgesamt mag ich den Garten naturnah, bunt und entspannt, mit einem leichten Hang zum Spektakel – und das spiegelt sich auch in meinen Beetideen wieder.

Entspanntes Gärtnern durch heimische **Wildstauden.** Sie kommen mit unseren Gegebenheiten besser zurecht als viele Exoten.

1

2

1. Die Katzenminze ist mit ihren wunderschönen Blüten ein Bienenmagnet und Dauerblüher.

2. Der Storchschnabel ist äußerst robust und pflegeleicht.

Beet 1 – Easy Beginnerbeet

Als ich vor über zehn Jahren ohne Vorwissen an das Thema Staudengarten herangetreten bin, gab es für mich nichts Faszinierenderes und Wundervolleres, als die ersten Triebe und Blüten nach dem langen Winter in den kargen Beeten zu begrüßen. Es war ein großartiges Gefühl, und der kleine gärtnerische Erfolg war für mich wie eine Initialzündung für meine Gartenleidenschaft.
Wenn es also um Anfängerstauden geht, die Lust auf den Garten machen, dann weiß ich genau, wovon ich spreche.

Robust, pflegeleicht & traumhafte Blüten

Zunächst einmal sollte solch ein Beet so manchen Anfängerfehler verzeihen und deswegen aus robusten und pflegeleichten Stauden bestehen. Sie sollten schnittverträglich sein und auch einmal falsches Gießen ertragen können. Diese unbeugsamen Stauden sollten euch dazu animieren, eure gärtnerischen Fähigkeiten an ihnen auszuprobieren und euch dabei fast nichts übelnehmen. Meine „easy Beginnerstauden" sollen den Einstieg ins Gärtnern leicht machen, euch eure ersten Erfolge feiern lassen und keinen Frust verbreiten. Sie sollen in erster Linie Spaß am Gärtnern machen, denn an ihnen könnt ihr die verschiedenen Aufgaben im Garten superleicht erlernen.
Ein einfaches Anfängerbeet bedeutet übrigens nicht, dass man demzufolge auf schöne Blüten verzichten muss. Auch die sogenannten Beginnerstauden überzeugen mit traumhaften Blüten und tollem Wuchs. Viele von ihnen sind mir mit den Jahren richtig ans Herz gewachsen und zählen zu meinen absoluten Lieblingsstauden. Ich kombiniere sie auch heute noch zahlreich in meinen Beeten. Mittlerweile habe ich mir von Funkie *(Hosta)*, Storchschnabel *(Geranium)* und Kerzenknöterich *(Bistorta amplexicaulis)* viele verschiedene Sorten zugelegt und erfreue mich an den kleinen Details ihrer Blätter und Blüten. Exemplarisch stelle ich euch nun einige meiner Lieblings-Beginnerstauden vor, die allesamt winterhart und pflegeleicht sind.

Funkie – Schattenstars mit tollen Blättern

Funkien sind sogenannte Blattschmuckstauden, die sich am wohlsten im Halbschatten und Schatten bei einem frischen und nährstoffreichen Boden fühlen.

BLAUE KATZENMINZE
FRAUENMANTEL
BLUTROTER STORCHSCHNABEL

Die Hohe Fetthenne ist eine tolle Staude für das ganze Jahr.

Ihre Sortenvielfalt kennt dabei wenig Grenzen. Ihre Blätter können Färbungen von dunkelgrün über grün-gelb bis weiß-grün zeigen und dabei Höhen und Breiten von 15 cm x 30 cm (*Hosta tokudama* 'Blue Mouse Ears') bis 150 cm x 200 cm (*Hosta* x *cultorum* 'Empress Wu') erreichen. Je nach Sorte entwickeln sie ihre Blütenglöckchen von Juni bis September an langen Stielen. Ab November ziehen sie sich in den Boden zurück und kehren ab März mit frischen Trieben zurück an die Oberfläche. Besonders den Austrieb solltet ihr verstärkt im Blick haben, da er bei Schnecken durchaus beliebt ist. Ich pflanze Funkien gerne in den Beetvordergrund und kombiniere sie mit anderen Stauden und Gräsern.

An ihnen könnt ihr euch das Vermehren von Stauden richtig gut aneignen. Funkien lassen sich problemlos mit dem Spaten teilen und wachsen zuverlässig wieder an.

Hohe Fetthenne – Trockenkünstler & Insektenmagnet

Die Hohe Fetthenne ist eine sehr robuste Staude, die mit Trockenheit und sonnigen Standorten super zurechtkommt. Sie treibt bereits im Frühjahr sehr dekorativ aus und zieht von August bis Oktober mit ihren großen Blütenschirmen viele Schmetterlinge und Bienen an. Im winterlichen Beet geben die welken Blütenstände zudem eine schöne Struktur.
Die Hohe Fetthenne ist ebenso leicht durch Teilung zu vermehren und ihr könnt an ihr die Vorzüge des Chelsea Chops ausprobieren. Aus den dabei entstehenden Abschnitten könnt ihr außerdem viele Stecklinge gewinnen. Ihr seht, an dieser Staude könnt ihr euch so richtig ausprobieren.

Blaue Katzenminze – Dauerblüher & Bienenweide

Die Blaue Katzenminze ist ein absoluter Dauerblüher, der von Mai bis Juli und noch einmal im September viele Insekten anlockt. Sie mag es gerne sonnig bei einem durchlässigen Boden und kommt auch mit mäßigen Nährstoffen zurecht.
Wer sich nicht traut, einen radikalen Rückschnitt (Remontierschnitt) nach der ersten Blüte zu machen, der kann es ohne Bedenken an der

Blauen Katzenminze ausprobieren. Sobald sie verblüht ist, schneidet ihr sie einfach eine Hand breit über dem Boden ab und schon bald habt ihr wieder eine Menge frischer Triebe, die bis in den Herbst hinein blühen. Mir hat diese Staude am Anfang sehr geholfen mich zu überwinden, die schönen Blütenstände tatsächlich komplett runterzuschneiden.

Blutroter Storchschnabel – hübscher Bodendecker

Der Blutrote Storchschnabel ist einer meiner liebsten Bodendecker und wird zwischen 15 cm und 45 cm hoch. Er breitet sich zu schönen, buschigen Polstern aus und überzeugt mit einer langen Blühdauer von Mai bis Oktober. Er kommt außerdem gut mit Trockenheit zurecht und steht am liebsten sonnig bis halbschattig. Er hilft euch gerade zu Beginn, eure Beete üppig aussehen zu lassen.

Frauenmantel – anspruchslos & vielseitig kombinierbar

Der Frauenmantel ist ein anspruchsloser Bodendecker, den ich gerne im Beetvordergrund pflanze. Er ist unglaublich robust, stellt kaum Ansprüche und gedeiht fast in jeder Gartenlage. Seine gelben Blüten zeigt er von Ende Mai bis Juli und hat insgesamt sehr dekorative Blätter. Er lässt sich wirklich problemlos mit allen Stauden kombinieren und ihr könnt mit ihm eure Beetgestaltung ausprobieren. Achtet nur darauf, dass er sich nicht zu stark versamt.

PFLANZENLISTE FÜR EASY-BEGINNER-BEETE

- Funkien *(Hosta)*
- Hohe Fetthenne *(Sedum telephium)*
- Blaue Katzenminze *(Nepeta x faassenii)*
- Blutroter Storchschnabel *(Geranium sanguineum)*
- Gewöhnlicher Frauenmantel *(Alchemilla)*
- Balkan-Storchschnabel *(Geranium macrorrhizum)*
- Purpurglöckchen *(Heuchera)*
- Kaukasus-Gamander *(Teucrium hircanicum)*
- Wolfsmilch *(Euphorbia)*
- Kerzenknöterich *(Bistorta amplexicaulis)*
- Schneckenknöterich *(Bistorta affinis)*
- Gemeine Akelei *(Aquilegia vulgaris)*

Ich liebe die Kombination aus Blauer Katzenminze, Gewöhnlichem Frauenmantel und Blutrotem Storchschnabel.

1

2

1. Der Kugel-Lauch ist ein toller Bienenmagnet.

2. Die Ruthenische Kugeldistel liefert für viele Wildbienen wichtigen Pollen und Nektar.

Beet 2 – Mein Beet für Insekten

Ein Beet sollte nicht nur für den Betrachter eine echte Augenweide sein, es lebt vor allem durch seine Besucher und Bewohner. Die schönsten Blüten wären nur halb so viel wert, wenn es um sie herum nicht summen, krabbeln und flattern würde. Ich merke für mich persönlich, dass der Aspekt „etwas für die Natur zu tun", immer wichtiger wird und dass vor allem jeder etwas in seinem eigenen Garten tun kann. Zu Beginn meiner Gartenreise war ich noch super begeistert von der Schönheit der Bauern-Hortensie und wusste nicht, dass ihre Blüten nahezu nutzlos für die Insekten sind. Mittlerweile bin ich deutlich kritischer und achte darauf, welche Nährwerte die Stauden und Pflanzen für die Tierwelt haben.

Ausgewogenheit ist wichtig

Versteht mich nicht falsch, ich habe immer noch einige Hortensien in den Beeten stehen. Sie spielen für mich jedoch nur noch eine untergeordnete Rolle und ich würde mir auch keine neuen mehr kaufen. Wichtig ist mir zuallererst, ein Gleichgewicht zu schaffen. Ich mag zum Beispiel die Blüten der Rispen-Hortensie super gerne und sorge deswegen dafür, dass um sie herum ein Ausgleich herrscht, der durch eine ausgewogene Staudenbepflanzung Biene & Co mit ausreichender Nahrung versorgt.

Wer hat für wen den besten Nektar?

Überhaupt ist ein insektenfreundlicher Garten so viel mehr als ein Eldorado für Honigbienen. Ich finde es wichtig, dass Wildbienen, Raupen, Schmetterlinge und Käfer sich gleichermaßen im Garten wohlfühlen. Sind die Kleinsten der Tierwelt bei euch glücklich, lockt das deutlich mehr Vögel, Nagetiere, Reptilien und Amphibien in euren Garten. Aus diesem Grund habe ich unter anderem meine Herangehensweise bei der Zusammenstellung der Beete verändert. Ich schaue nicht mehr ausschließlich nach Blütezeit, Wuchs und Winterhärte, sondern ebenso nach Pollen- und Nektarwerten der jeweiligen Staude. Hierbei sehe ich dann meistens auch direkt, ob sie für (spezialisierte) Wildbienen, Raupen und Schmetterlinge geeignet ist.
Das mag jetzt auf den ersten Blick recht kompliziert klingen, aber es gibt mittlerweile echt tolle Websites, die das Nachschlagen super einfach und übersichtlich machen *(www.naturadb.de)*. Wichtig ist hierbei zu bedenken, dass heimische Stauden wie Blut-Weiderich *(Lythrum salicaria)* und Gewöhnlicher Wasserdost *(Eupatorium cannabinum)* für unsere Insektenwelt deutliche Vorteile gegenüber den Exoten haben. Besonders die spezialisierten Wildbienen können mit nicht-heimischen Stauden häufig wenig anfangen.
Doch ähnlich wie bei meinem Umgang mit den Hortensien, sollte man insgesamt ein Gleichgewicht aus heimischen und nicht-heimischen Pflanzen schaffen.
Grundsätzlich versuche ich bei der Auswahl aller Pflanzen auf gefüllte Blüten zu verzichten, da es für die Insekten schwierig ist, an Pollen und Nektar zu gelangen.

HARLEKINWEIDE
ROSENSTRAUCH
KUGEL-LAUCH
STOCKROSE

1. Ein bepflanzbarer Bienenstein ist eine tolle Nisthilfe.

2. Wasserschalen sind für Vögel, Insekten und Nager super wichtig – nicht nur an heißen Sommertagen.

Blüten das ganze Jahr

Neben einem reichhaltigen Buffet solltet ihr bei der Beetplanung ebenso einen Garten für das ganze Jahr im Blick haben. Das bedeutet, dass ihr bei der Blütezeit unbedingt darauf achten solltet, über einen möglichst langen Zeitraum Pollen und Nektar anzubieten. Frühblühende Stauden, wie Lenzrosen (*Helleborus-Orientalis*-Hybriden) und Küchenschelle *(Pulsatilla vulgaris)*, sind für die Insektenwelt ebenso wichtig wie spätblühende Stauden im Herbst, zum Beispiel Hohe Fetthenne, Wiesen-Witwenblume, Patagonisches Eisenkraut und Sonnenbraut. Ab dem Herbst ist es dann in eurem 365-Tage-Garten unerlässlich, die verblühten Stauden in den Beeten stehenzulassen. Hier finden Insekten ein schützendes Winterquartier und manch ein Vogel knabbert allzu gerne an den Samenständen.

Nisthilfen & Wasser sind sehr hilfreich

Neben der Auswahl geeigneter Stauden und Pflanzen könnt ihr zudem ganz konkrete Nisthilfen aufstellen. Es gibt sehr dekorative Bienensteine, die verschieden große Nisthöhlen anbieten und gleichzeitig auch noch bepflanzbar sind. Aber auch viele unbewusste Dinge im Garten können einen Nistplatz darstellen. Die Mauerbiene legt ihre Eier zum Beispiel gerne in Hohlräume ab, die bereits in einer simplen, abgestochenen Rasenkante zu finden sind.
An trockenen Tagen stelle ich übrigens gerne eine Wasserschale für die Insekten heraus und lege ein paar Kiesel hinein, damit sie auf der Suche nach Wasser eine gute Landemöglichkeit finden.

Super-Biotop: Benjeshecke

Als Letztes möchte ich euch noch eine Totholzhecke ans Herz legen, in der sich nicht nur Insekten, sondern auch Nagetiere, Reptilien, Amphibien und Vögel wohlfühlen. Seitdem wir eine sogenannte Benjeshecke bei uns im Garten haben, schwirren bei uns sogar wieder Glühwürmchen herum. Zur Anlage einer solchen Hecke schichtet ihr einfach das anfallende Schnittgut, wie Äste, Zweige und Gräser, locker aufeinander. Benutzt ein paar Pfosten zur Stabilisierung und schichtet ganz unten einige Steine für Kröten und Eidechsen aufeinander. So bekommt ihr im Handumdrehen ein super Biotop in eurem Garten.

Patagonisches Eisenkraut

PFLANZENLISTE MIT BLÜTEZEITEN

- Blut-Weiderich *(Lythrum salicaria)*, VII bis IX
- Gewöhnlicher Wasserdost *(Eupatorium cannabinum)*, VII bis IX
- Purpur-Dost *(Eupatorium purpureum)*, VII bis IX
- Purpur-Engelwurz *(Angelica sylvestris)*, VII bis IX
- Kugeldistel *(Echinops)*, VIII bis IX
- Mannstreu *(Eryngium)*, VI bis VIII
- Purpur-Witwenblume *(Knautia macedonica)*, VII bis IX
- Wiesen-Witwenblume *(Knautia arvensis)*, V bis VIII
- Purpur-Wiesenknopf *(Sanguisorba officinalis)*, VI bis VIII
- Dunkles Lungenkraut (*Pulmonaria officinalis* ssp. *obscura*), III bis V
- Wiesen-Salbei *(Salvia pratensis)*, V bis VII, IX
- Immergrüner Gamander (*Teucrium* x *lucidrys*), VI bis VII
- Kaukasus-Gamander *(Teucrium hircanicum)*, VI bis X
- Purpur-Sonnenhut *(Echinacea purpurea)*, VI bis IX
- Ähriger Ehrenpreis *(Veronica spicata)*, VI bis IX
- Blaunessel (*Agastache Rugosa*-Hybride), VII bis IX
- Küchenschelle *(Pulsatilla vulgaris)*, III bis IV
- Berg-Aster *(Aster amellus)*, VII bis IX
- Sonnenbraut (*Helenium*-Hybride), VI bis X
- Wiesen-Schafgarbe *(Achillea millefolium)*, VI bis VII, IX
- Blaue Katzenminze (*Nepeta* x *faassenii*), VI bis IX
- Zottiger Ziest *(Stachys monnieri)*, VI bis VIII
- Kugel-Lauch *(Allium sphaerocephalon)*, VII
- Gewöhnliche Akelei *(Aquilegia vulgaris)*, V bis VI
- Wilde Karde *(Dipsacus fullonum)*, VII bis VIII
- Ährige Prachtscharte *(Liatris spicata)*, VII bis IX
- Gewöhnlicher Natternkopf *(Echium vulgare)*, VI bis IX
- Großblütige Königskerze *(Verbascum densiflorum)*, VII bis VIII
- Einfache Stockrose (*Alcea Rosea*-Hybriden), VII bis IX
- Sommer-Lauch (*Allium*-Hybride), VII bis IX
- Patagonisches Eisenkraut *(Verbena bonariensis)*, VII bis X
- Hohe Fetthenne *(Sedum telephium)*, VIII bis X

Beet 3 – Mein Anti-Schnecken-Beet

Ein Garten ohne lästige Nacktschnecken ist der Traum eines jeden Gärtners. Doch kann dieser Wunsch jemals in Erfüllung gehen oder bleibt er eine Utopie? Ich habe da eine ganz unkomplizierte Herangehensweise.

Der Feind im Beet – was ich nicht mache!

Kaum beginnt das Frühjahr und die ersten Staudenspitzen strecken ihre zarten grünen Triebe aus der Erde, sieht man auch schon die ersten Fraßschäden an den frischen Pflanzen: Schnecken.

Der Albtraum eines jeden Gärtners, der einem durchaus die Lust am Gärtnern ganz schön vermiesen kann. Manch einer greift in der Verzweiflung zu alten Hausmittelchen und streut zum Beispiel Kaffeesatz oder Sägemehl aus, wiederum andere greifen im Dunkeln zur Gartenschere oder werfen Schneckenkorn in ihre Beete.
Für mich sind Hausmittelchen jedoch eher weniger praktikabel. Ich könnte gar nicht so viel Kaffee trinken, um all meine Stauden zu schützen, zumal ein ordentlicher Regenschauer die Barriere jedes Mal wieder wegspült. Würde ich stattdessen eine sogenannte Bierfalle einsetzen, würde ich obendrein noch die Schnecken aus den umliegenden Gärten anlocken.
Allerdings ist mir das nächtliche Absammeln auf Dauer zu anstrengend geworden und der Einsatz von Schneckenkorn kommt für mich nicht in Frage, da es auch die „guten" Schnecken wie den Tigerschnegel tötet.

1. Das Spanische Gänseblümchen steht bei Schnecken nicht hoch im Kurs und blüht über Monate.

2. Auch die wunderschöne Ballonblume ist bei Schnecken zum Glück überhaupt nicht beliebt.

1

2

BLASENSPIERE
'DIABOLO'
FETTHENNE
PURPUR-
GLÖCKCHEN

1

2

3

1. Der Gewöhnliche Sonnenhut gibt in Kombination mit dem Kerzenknöterich eine tolle Figur ab.

2. Das Purpurglöckchen wird mit seinen samtigen Blättern von Schnecken verschmäht.

3. Der Braune Storchschnabel ist ein Hingucker ohne Schneckenfraß.

Schnecken-Pflanzen einfach austauschen

Deswegen habe ich mit den Jahren eine gewisse Gelassenheit entwickelt: Wenn eine Staude den Schnecken so sehr schmeckt, dass sie nicht mehr viel von ihr übriglassen, dann pflanze ich sie in der Regel nicht noch einmal in unserem Garten. Stattdessen schaue ich mich nach Alternativen um und ersetze sie kurzerhand durch eine weniger schmackhafte Staude. Mittlerweile gestalte ich alle meine Beete so, dass Schnecken schnell den Appetit verlieren. Deshalb habe ich Lupinen *(Lupinus)* durch Kaukasus-Gamander *(Teucrium hircanicum)* und unsere Lobelien *(Lobelia)* durch Ballonblumen *(Platycodon grandiflorus)* ersetzt. Natürlich kann man die einzelnen Stauden gerade in Bezug auf ihre einzigartigen Blüten nicht eins zu eins ersetzen, aber der Tausch gestaltet mir das Gartenleben grundsätzlich entspannter.

Wenn ich trotz der gefräßigen Schnecken nicht auf eine bestimmte Staude

ANTI-SCHNECKEN-PFLANZENLISTE

- Storchschnabel *(Geranium)*
- Frauenmantel *(Alchemilla)*
- Wolfsmilch *(Euphorbia)*
- Purpurglöckchen *(Heuchera)*
- Kerzenknöterich *(Bistorta amplexicaulis)*
- Schneckenknöterich *(Persicaria affinis)*
- Blaue Katzenminze *(Nepeta x faassenii)*
- Hohe Fetthenne *(Sedum telephium)*
- Bergenien *(Bergenia)*
- Immergrüner Gamander *(Teucrium x lucidrys)*
- Kaukasus-Gamander *(Teucrium hircanicum)*
- Edeldistel *(Eryngium)*
- Elfenblume *(Epimedium)*
- Bergminze *(Calamintha nepeta)*
- Herbst-Anemone *(Anemone-Japonica-*Hybride)
- Kugeldistel *(Echinops)*
- Akelei *(Aquilegia)*
- Ballonblume *(Platycodon grandiflorus)*
- Gewöhnliche Nachtkerze *(Oenothera biennis)*
- Astilbe *(Astilbe arendsii)*
- Wilde Karde *(Dipsacus fullonum)*
- Königskerze *(Verbascum)*
- Blut-Weiderich *(Lythrum salicaria)*
- Prachtkerze *(Gaura lindheimeri)*
- Gewöhnlicher Wasserdost *(Eupatorium cannabinum)*
- Oktober-Sonnenhut *(Rudbeckia triloba)*
- Gewöhnlicher Sonnenhut *(Rudbeckia fulgida)*

Die Blaue Katzenminze und der Gewöhnliche Frauenmantel sind sehr robust gegen Schnecken.

verzichten möchte, setze ich zum Beispiel Funkien *(Hosta)* in Töpfe und stelle diese wiederum auf erhöhte Positionen. Das macht es den Schnecken doppelt schwer und sie lassen diese Stauden spürbar links liegen. Damit euch die Schnecken nicht in den Wahnsinn treiben, habe ich euch meine Liste mit bewährten Anti-Schnecken-Stauden zusammengestellt. Natürlich kann man nie ausschließen, dass Schnecken nicht doch an diese Stauden gehen, aber ich habe mit diesen Pflanzen gute Erfahrungen gemacht. Solange ihr die frischen Austriebe dieser Stauden schützt und sie erst einmal kräftig und vital anwachsen, sind sie vor dem Schneckenfraß recht sicher. Ich habe mit ihnen ganze Beete gestaltet und kann nicht ohne Stolz sagen, dass ich seitdem weniger Schnecken im Garten habe. Insgesamt kann ich somit jeden Abend deutlich gelassener zwischen unseren Beeten herumschlendern und entdecke deutlich weniger Schnecken.

Beet 4 – Mein Steinhügelbeet

Ich erwähnte bereits, dass unser Garten anfangs nur aus einer großen Rasenfläche bestand, in deren Mitte ich damals noch recht planlos ein Inselbeet angelegt habe. Aus diesem runden Beet wurde dann zwei Jahre später jener Steinhügel, der mittlerweile so charakteristisch für unseren Garten ist.

Hingucker & Strukturgeber

Der Steinhügel ist nicht nur ein optischer Hingucker, er gibt dem gesamten Garten eine zusätzliche Struktur. Er teilt ihn in gewisser Weise auf, bricht die Länge des Gartens und kreiert gleich mehrere Gartenzimmer. Insgesamt haben wir drei Sitzplätze um ihn herum angelegt und können ihn somit aus verschiedensten Perspektiven bewundern, inklusive einem Platz für eine Feuerschale.

Die Strand-Grasnelke ist eine heimische Wildpflanze, die sich auch im Steinhügel wohlfühlt.

Mein Pflanzkonzept

Das ganze Beet ist in drei Pflanzzonen unterteilt: Es gibt eine sonnige Spitze, einen großen Halbschattenbereich in der Mitte und einen sehr trockenen Schattenbereich. Das macht vor allem die Bepflanzung sehr abwechslungsreich und sorgt für unterschiedlichste Akzente. Wenn ihr also einmal um den ganzen Steinhügel herumlauft, seht ihr eine große Bandbreite an Stauden. Bei der Bepflanzung solltet ihr auf jeden Fall auf Stauden zurückgreifen, die im Steingarten beheimatet sind. Das sind vor allem alpine Pflanzen, die keine tiefen Pfahlwurzeln bilden sowie mit nährstoffarmem Boden und wenig Wasser auskommen. Einzig der äußere Pflanzring hat bei mir die Möglichkeit, tiefer zu wurzeln und bietet deswegen mehr Optionen zur Bepflanzung.
Im ersten Jahr wird euer Steinhügel noch recht künstlich wirken, doch bereits im zweiten Jahr sorgt das Moos auf den Steinen dafür, dass er sehr natürlich wirkt.

So legt ihr ein Steinhügelbeet einfach selbst an

Als ich den Steinhügel angelegt habe, habe ich mir zunächst eine Form überlegt und mich daran orientiert, wo ich die Feuerschale platzieren wollte. Dabei spielten der Blickwinkel und die Sicherheit an der Feuerstelle die entscheidenden Rollen. Im Anschluss wurde nach beschriebenem Muster die Form mit einem Gartenschlauch auf der Wiese ausgelegt und die Grasnarbe entfernt.
Da wir auf der Wiese auch Probleme mit der Quecke haben, wurde das zu-

STRAND-
GRASNELKE
ÄHRIGER
EHRENPREIS
FETTHENNE
SCHNECKEN-
KNÖTERICH

1

2

3

1. Die Form des Steinhügels habe ich mit dem Spaten ausgehoben und die Erde von Wurzeln befreit.

2. Mit Hilfe von Ziegelsteinen habe ich ein stabiles Grundgerüst modelliert, das ich im Anschluss mit einer ordentlichen Schicht Mutterboden übergossen habe.

3. Mit Natursteinen wurden viele einzelne Pflanznischen für Stauden geschaffen, die sich im Steingarten wohlfühlen.

künftige Beet von mir eine Spatentiefe ausgekoffert und mit einem Wurzelvlies ausgelegt. Damit der Steinhügel nun seine gewünschte Form bekommt und anfangs nicht von jedem Regenguss weggespült wird, habe ich ihn mit alten Ziegelsteinen modelliert. So konnte ich individuell die Höhen aufeinander abstimmen und ihm ein harmonisches Grundgerüst vorgegeben. Danach wurde er sehr großzügig mit leichtem Mutterboden übergossen und mit Hilfe von Natursteinen viele kleine Pflanznischen geschaffen. Ich habe mich bei der Auswahl der Steine für einen regionalen Sandstein entschieden, da er auch sonst häufiger in unserem Garten zu finden ist.
Der fertige Steinhügel misst 4 m in der Breite und 3 m in der Tiefe. Sein höchster Punkt ist bei zirka 1,50 m.

Nahrung und Versteck für Tiere

Ein Steinhügel ist übrigens auch ein tolles Biotop für die unterschiedlichsten Tiere in eurem Garten. Insekten finden eine Menge Nahrung und ein sicheres Versteck für den Winter. Die Mauerbienen nisten in ihm, während manche Amphibien und Reptilien direkt ganz eingezogen sind. Sogar Eichhörnchen und einige Vögel nutzen den Steinhügel gerne als erhöhte Sitzposition.
Einen Haken hat der Hügel allerdings, denn er bietet auch Schnecken hervorragende Bedingungen. Gerade zu Beginn ist die ein oder andere Staude ratzekahl aufgefuttert worden. Doch mit den Jahren habe ich die Bepflanzung dahingehend angepasst und seitdem herrscht ein gutes Gleichgewicht.

Der fertige Steinhügel sieht anfangs noch sehr konstruiert aus. Er bekommt aber mit der Zeit eine Patina aus Moos und durch die etablierten Stauden ein natürliches Aussehen.

PFLANZENLISTE FÜR EINEN ABWECHSLUNGSREICHEN STEINHÜGEL

- Walzen-Wolfsmilch *(Euphorbia myrsinites)*
- Diverse Fetthennen *(Sedum)*, z. B. 'José Aubergine'
- Schwarzblättriger Schlangenbart 'Niger' *(Ophiopogon planiscapus)*
- Polster-Fetthenne 'Sunsparkler Dazzleberry' (*Sedum* x *cult.*)
- Ähriger Ehrenpreis *(Veronica spicata)*
- Schneckenknöterich *(Bistorta affinis)*
- Bergenie 'Baby Doll' *(Bergenia cordifolia)*
- Zwerg-Frauenmantel (*Alchemilla faeroensis* ssp. *pumila*)
- Scharfer Mauerpfeffer *(Sedum acre)*
- Wald-Scheinmohn *(Meconopsis cambrica)*
- Alpen-Steinquendel *(Acinos alpinus)*
- Götterblume *(Dodecatheon meadia)*
- Polster-Phlox *(Phlox douglasii)*
- Moos-Steinbrech (*Saxifraga* x *arendsii*)
- Trauben-Steinbrech *(Saxifraga paniculata)*
- Freiland-Fuchsie (*Fuchsia magellanica* var. *gracilis*)
- Purpurglöckchen *(Heuchera)*
- Strand-Grasnelke 'Alba' & 'Splendens' *(Armeria maritima)*
- Zwerg-Grasnelke 'Rosi' *(Armeria caespitosa)*
- Berg-Steinkraut 'Luna' *(Alyssum montanum)*
- Berg-Steinkraut *(Alyssum wulfenianum)*
- Schleifenblume *(Iberis sempervirens)*
- Blaukissen (*Aubrieta*-Hybride)
- Hängepolster-Glockenblume 'Blauranke' *(Campanula poscharskyana)*
- Sternpolster-Glockenblume *(Campanula garganica)*
- Goldtröpfchen *(Chiastophyllum oppositifolium)*

Sterndolden sind mit ihren spektakulären Blüten echte Hingucker im Schatten.

Beet 5 – Im Schatten ist was los

Als meine Gartenreise begann, war Schatten für mich in der Regel immergrün und eine eher langweilige Ecke im Garten. Er war für mich geprägt von Rhododendren, oftmals verbunden mit viel Wildwuchs und mit einer großen Portion uninspirierter Tristesse.
Dabei kann Schatten so viel mehr und mein Blickwinkel hat sich mit den Jahren kolossal geändert. Mittlerweile kann ich zurecht behaupten, dass der Schatten zu meinem liebsten Gartenbereich geworden ist. Er steht den sonnigen Beeten in nichts nach, denn es gibt auch hier die vielfältigsten Möglichkeiten der Bepflanzung und vor allem überrascht der Schatten mit einer unerwarteten Blütenfülle.

Natürlich kühle Sitzplätze

Ich finde, dass besonders in den heißen Sommermonaten der Schatten immer mehr an Bedeutung gewinnt. Die natürliche Beschattung hat wirklich viele Vorteile und gerade deswegen sind Sitzplätze in diesem Gartenbereich sehr viel wert.
Fernab der direkten Sonnenstrahlen lässt sich so über Stunden in einem guten Buch schmökern, entspannt mit den Liebsten einen Kaffee trinken oder man kann einfach nur die Seele baumeln lassen.
Im Vergleich zu einem Sitzplatz in der direkten Sonne oder unter einem Sonnenschirm, punktet der Schatten vor allem durch das ausgewogenere Klima. Hier ist es nicht nur deutlich kühler, die Luft fühlt sich unter Bäumen auch meist angenehmer an.

EIBE
SUMPF-
SCHWERTLILIE
BALKAN-STORCH-
SCHNABEL
FUNKIE
FUNKIE

Die Herzblättrige Schaumblüte zaubert Eleganz ins Beet.

Ihr merkt schon, der Schatten sorgt insgesamt für eine hohe Lebensqualität im Garten. Neben den klimatischen Vorzügen mag ich am Schatten insbesondere auch das Lichtspiel, wenn die Sonnenstrahlen am Morgen, Mittag oder Abend durch die Äste scheinen und sich malerisch über die Stauden legen. Ich finde, dass diese Momente im Garten etwas Magisches haben und bewundere die stündlich wechselnden Perspektiven.

Worauf beim Bepflanzen achten?

Für die konkrete Bepflanzung mit Stauden müsst ihr bei der Planung nicht nur auf die Lichtverhältnisse achten, sondern bekanntermaßen auch auf den Boden. Was man vielleicht schnell vergisst: Direkt unter den Bäumen ist es nicht nur schattig, sondern auch meist sehr trocken. Zudem müsst ihr hier schauen, dass eure Pflanzen mit einem gewissen

Purpurglöckchen und Pfingst-Veilchen 'Freckles' sorgen im Schatten für emsiges Treiben.

Wurzeldruck durch die Bäume klarkommen und im Winter nicht durch eine zu dicke Laubschicht die Gefahr durch Fäulnis entsteht. Außerhalb der Baumkronen ist der Boden wiederum durch den Schattenwurf eher feucht. Da der Schatten für mich etwas sehr Natürliches ausstrahlt, lege ich hier einen besonderen Fokus auf organische Beetformen, die gerne geschwungen daherkommen dürfen. Wege aus Kieselsteinen, Trittsteinen und Rindenmulch sowie eine kleine Wasserstelle runden den Schatten vollends ab. Die Stauden-Empfehlungen in der Liste wachsen bei uns sowohl im Schatten als auch im Halbschatten und haben sich bewährt.

PFLANZENLISTE FÜR DEN SCHATTEN

- Herzblättrige Schaumblüte *(Tiarella cordifolia)*
- Schwarzblättriger Schlangenbart 'Niger' *(Ophiopogon planiscapus)*
- Porzellanblümchen (*Saxifraga* x *urbium*)
- Kleiner Frauenmantel *(Alchemilla erythropoda)*
- Cambridge-Storchschnabel 'Berggarten' (*Geranium* x *cantabrigiense*)
- Brauner Storchschnabel 'Raven' *(Geranium phaeum)*
- Bergwald-Storchschnabel *(Geranium nodosum)*
- Blutroter Storchschnabel *(Geranium sanguineum)*
- Tränendes Herz *(Dicentra spectabilis)*
- Alpen-Frauenmantel *(Alchemilla alpina)*
- Rote Elfenblume (*Epimedium* x *rubrum*)
- Elfenblume 'Sulphureum' (*Epimedium* x *versicolor*)
- Wald-Scheinmohn *(Meconopsis cambrica)*
- Kaukasus-Vergissmeinnicht 'Sea Heart' *(Brunnera macrophylla)*
- Riesen-Funkie 'Empress Wu' (*Hosta* x *cultorum*)
- Weißrandige Funkie 'Minuteman' (*Hosta* x *fortunei*)
- Lilientraube 'Big Blue' *(Liriope muscari)*
- Pfingst-Veilchen 'Freckles' *(Viola sororia)*
- Geflecktes Lungenkraut *(Pulmonaria officinalis)*
- Weiße Wald-Aster *(Aster divaricatus)*
- Altai-Bergenie *(Bergenia cordifolia)*
- Große Sterndolde *(Astrantia major)*
- Himalaya-Wolfsmilch *(Euphorbia griffithii)*
- Mandelblättrige Purpur-Wolfsmilch *(Euphorbia amygdaloides)*
- Lenzrose (*Helleborus-Orientalis*-Hybriden)
- Stinkende Nieswurz *(Helleborus foetidus)*
- Christrose *(Helleborus niger)*
- Schneckenknöterich *(Bistorta affinis)*
- Kerzenknöterich *(Bistorta amplexicaulis)*
- Fingerhut (*Digitalis* x *mertonensis*)

Der Fingerhut ist eine elegante Schönheit in jedem Schattenbeet.

Die Küchenschelle begrüßt das neue Gartenjahr mit zauberhaften Blüten.

Damit die Blüten der Frühblüher auch richtig zur Geltung kommen, solltet ihr bei steigenden Temperaturen parallel mit dem **Nachwinterschnitt** der verblühten Stauden und Gräser aus dem Vorjahr beginnen.

Beet 6 – Mein Frühlingsbeet

Sobald der Winter sich langsam dem Ende nähert und wärmere Temperaturen sich breitmachen, zieht es uns Gärtner mit Macht in den Garten. Die ersten Schneeglöckchen wollen bewundert werden und die heller werdenden Tage lockern das Gemüt. Die ersten Sonnenstrahlen rufen nicht nur die ungeduldigen Gärtner nach draußen, auch die ersten Insekten schwirren umher und der Gesang der Vögel erklingt nach Monaten der Stille. Kurzum, das Leben kehrt zurück in den Garten.

Frühe Blüten sind zauberhaft & wichtig

Die meisten Menschen verbinden den Frühling mit Zwiebel- und Knollenblühern wie Tulpen, Narzissen, Hyazinthen, Traubenhyazinthen und Krokussen, die botanisch gesehen sogar alle zu den Stauden zählen. Doch auch die Welt der sogenannten Garten-Stauden hat in den ersten Monaten des Jahres vielfältige Blüten im Angebot, die teilweise schon im Spätwinter den Temperaturen trotzen und somit für Tiere und Insekten eine wichtige Nahrungsquelle im Garten darstellen.
Im Folgenden stelle ich euch einige meiner liebsten frühblühenden Stauden vor. Da sie teilweise sehr früh im Jahr blühen, sind sie per se winterhart und darüber hinaus auch noch pflegeleicht.

Lenzrose – der Frühling kommt

Die Lenzrosen sind für mich die ultimativen Vorboten auf das Gartenjahr. Sobald ich ihre Blüten erblicke, weiß ich, dass der Winter so gut wie geschafft ist. Sie gehören demnach zu meinen absoluten Lieblingen und ich habe mittlerweile viele Sorten. Besonders toll finde ich, dass sie von Februar bis tief in den April hinein

TULPEN
WOLFSMILCH
AKELEI

1

2

1. Die Lenzrose sorgt bereits im Spätwinter für ein frühes Highlight.

2. Tulpen gehören für mich zum Frühling dazu und sind eine tolle Ergänzung in jedem Staudenbeet.

blühen. Am wohlsten fühlen sie sich im Halbschatten – achtet aber unbedingt darauf, dass sie gerade in den heißen Sommermonaten nicht zu sonnig und somit zu trocken stehen. Wenn sie nach einer frostigen Nacht die Köpfe hängen lassen, besteht übrigens kein Grund zur Sorge. Sie schützen sich damit vor der Kälte und sobald die Temperaturen wieder über dem Gefrierpunkt liegen, stehen sie von ganz alleine wieder auf. Sogar ihre Blüten nehmen durch den Frost keinen Schaden und blühen kurze Zeit später wieder so schön wie zuvor.

Küchenschelle – wilde Schönheiten

Die Küchenschelle, oder auch Kuhschelle genannt, blüht von März bis April und ist ein echter Hingucker, der wirklich in keinem Garten fehlen sollte. Die weißen, rosa oder lila Blüten sind ein toller Bienenmagnet und bieten viele Pollen für die unterschiedlichsten Wildbienen. Ich pflanze die Küchenschelle gerne in den Beetvordergrund, da sie nur zwischen 15 cm und 30 cm hoch wird. Sie mag es gerne sonnig und warm, wobei der Boden immer frisch sein sollte. Achtet darauf, dass sich gerade im Herbst und Winter keine Staunässe bildet. Einmal gepflanzt ist die Küchenschelle sehr pflegeleicht und robust, möchte aber ungern umgepflanzt oder geteilt werden.

Herzblättrige Schaumblüte – für Blütenteppiche

Die Schaumblüte ist eine weitere Staude für den Vordergrund im Beet. Sie mag es allerdings am liebsten halbschattig bis schattig. Sie wird dabei zirka 20 cm hoch und überzeugt mit reichhaltigen Blütenrispen. Sie blüht von April bis Mai und sorgt für tolle Blütenteppiche. Darüber hinaus ist sie wintergrün und setzt im winterlichen Schattengarten wundervolle Akzente.

3

3. Die Bergenien blühen mehrmals im Jahr, aber besonders im Frühjahr sind ihre Blüten nahezu magisch.

4. Das Tränende Herz hat die wohl spektakulärste Blüte in unserem Garten.

4

MEINE LIEBLINGS-FRÜHBLÜHER

- Christrose *(Helleborus niger)*
- Lenzrose (*Helleborus-Orientalis*-Hybriden)
- Stinkende Nieswurz *(Helleborus foetidus)*
- Geflecktes Lungenkraut *(Pulmonaria officinalis)*
- Gämswurz *(Doronicum orientale)*
- Kissen-Primel *(Primula vulgaris)*
- Gewöhnliche Küchenschelle *(Pulsatilla vulgaris)*
- Zwerg-Grasnelke 'Rosi' *(Armeria caespitosa)*
- Tränendes Herz *(Dicentra spectabilis)*
- Schleifenblume *(Iberis sempervirens)*
- Bergenie *(Bergenia)*
- Berg-Steinkraut 'Luna' *(Alyssum montanum)*
- Berg-Steinkraut *(Alyssum wulfenianum)*
- Blaukissen (*Aubrieta*-Hybride)
- Moos-Steinbrech *(Saxifraga x arendsii)*
- Herzblättrige Schaumblüte *(Tiarella cordifolia)*
- Frühjahrs-Anemone *(Anemone blanda)*
- Polster-Phlox *(Phlox douglasii)*
- Walzen-Wolfsmilch *(Euphorbia myrsinites)*
- Mittelmeer-Wolfsmilch (*Euphorbia characias* ssp. *wulfenii*)
- Mandelblättrige Wolfsmilch *(Euphorbia amygdaloides)*
- Kaukasus-Vergissmeinnicht *(Brunnera macrophylla)*

Beet 7 – Ein Beet für heiße Sommer

Wie eingangs erwähnt, wird das Thema Wasserverbrauch im Garten immer wichtiger. Leider spürt man die langanhaltenden Trockenheitsperioden mittlerweile in allen vier Jahreszeiten, aber ganz besonders trifft dies auf die Sommermonate zu. Hier reichen schon ein paar sonnige Tage ohne Wasserbeigabe, um so mancher Staude arg zuzusetzen. Deswegen achte ich in meinen Beeten nicht nur auf das bereits beschriebene Gießverhalten, ich passe vor allem meine Sonnenbeete auf die veränderten klimatischen Bedingungen an. Zum Glück gibt es unter den Stauden auch eine Menge Pflanzen, die mit sehr trockenen und warmen Perioden super auskommen. Manche Gärtner gestalten aus diesem Grund gerne Präriebeete, die mit extremen Bedingungen gut zurechtkommen. Sie haben ihren Ursprung in Nordamerika und zeichnen sich durch ihre Robustheit und den geringen Pflegeaufwand aus. Dabei bestechen sie mit einer Kombination aus wunderschönen Blüten, Ziergräsern und Natursteinen.

Kombiniert eure Sommerstauden mit **Frühblühern** wie Walzen-Wolfsmilch, Küchenschelle und Schleifenblume, um bereits früh im Jahr Akzente zu setzen.

Super Kombis mit Sträuchern & Kräutern

Ich kombiniere in meinen sonnigen Beeten gerne die Stauden mit Halbsträuchern wie Blauraute *(Perovskia atriplicifolia),* Echtem Lavendel *(Lavandula angustifolia)* und bienenfreundlichen Kräutern wie Sizilianischem Oregano (*Origanum* x *majoricum*), Provence-Gewürz-Thymian (*Thymus vulgaris* 'Fleur Provencale') und Strauchbasilikum *(Ocimum basilicum).* Ebenso bepflanze ich gerne Töpfe mit Hauswurz *(Sempervivum),* Mittagsblume *(Delosperma cooperi)* und Bitterwurz *(Lewisia cotyledon),* die sich auch super für Dekoelemente und Pflanzdächer eigenen.

Keine Staunässe!

Achtet bei euren sonnenliebenden Stauden besonders darauf, dass sie in einem gut durchlässigen Boden stehen, der keine Staunässe zulässt. Habt ihr in euren Sonnenbeeten einen hohen Lehmanteil, ist das überhaupt kein Problem. Baut in die Pflanzlöcher einfach eine Drainageschicht aus Sand und Kieselsteinen ein, um die trockenheitsliebenden Stauden vor drohender Staunässe in den kalten Monaten zu schützen.

Helle Farben, wie hier bei der Taglilie, sind für mich der Inbegriff des Sommers.

ROSE
FACKELLILIE
FRAUENMANTEL

Der Steppen-Salbei lockt mit seinen eleganten Blüten viele Insekten an.

Ich liebe die langen Blütenstiele des **Kugel-Lauchs** *(Allium sphaerocephalon)* und pflanze ihn deswegen gerne in großer Anzahl in meine sonnigen Staudenbeete – sehr zur Freude unzähliger Hummeln.

Steppen-Salbei – toller Insektenmagnet

Der Steppen-Salbei ist für mich ein klassischer Vertreter im Sommerbeet, da er mit seinen wunderschönen Blütenkerzen von Juni bis August komplett durchblüht. Er hat dabei einen sehr aufrechten Wuchs und wird bis zu 60 cm hoch. Aufgrund seines Farbspektrums von weiß, rosa bis blau-lila lassen sich die unterschiedlichen Sorten nicht nur super mit Ziergräsern, sondern auch miteinander kombinieren. Er ist allerdings auch bei Schnecken recht beliebt und sollte gerade beim Austrieb geschützt werden. Gängige Vertreter sind zum Beispiel 'Eos', 'Viola Klose', 'Schneehügel', 'Amethyst', 'Caradonna' und 'Caradonna Pink'.

Ährige Prachtscharte – Prärieschönheit mit markanten Blüten

Einer der auffälligsten Stauden im Sommerbeet ist die Ährige Prachtscharte, die vor allem durch ihren aufrechten Wuchs auf sich aufmerksam macht. Sie wird bis zu 80 cm hoch und besticht mit auffallenden weißen, rosa bis violetten Blütentrauben, die von Juli bis September zahlreiche Insekten anlocken. Im Winter zieht sich diese Stauden in ihre knollenartigen Rhizome zurück. Anders als viele andere Sommerstauden mag sie jedoch nicht allzu lange Trockenperioden.

Steppen-Wolfsmilch – absolut trockenverträglich

Entgegen vieler ihrer Wolfsmilch-Verwandten überzeugt diese Staude mit einer späten Blüte von Juni bis Oktober. Dabei zeigt sie die typischen hellgelben Blüten und wird zwischen 40 cm bis 60 cm hoch. Sie mag es gerne frisch bis trocken und ist in steinigen Lagen eine echte Bereicherung. Ihr Wuchs ist aufrecht bis leicht buschig und dabei für eine Wolfsmilch recht filigran. Als wintergrüne Staude überzeugt sie auch nach der Blüte mit einer interessanten Struktur.

Blut-Weiderich – robuste, heimische Wildstaude

Diese Staude ist ein wahrer Bienen- und Insektenmagnet und macht als heimische Wildpflanze natürlich auch im Garten eine tolle Figur. Der Blut-Weiderich wird zwischen 100 cm und 120 cm groß und wächst dabei aufrecht bis buschig. Über die ährigen Blütenstiele zeigt er von Juli bis September viele kleinen Blüten. Er fühlt sich in der Sonne und im Halbschatten wohl und mag gerne feuchte bis nasse Böden. Allerdings kommt er bei uns im Garten auch gut mit etwas Trockenheit aus und zählt deswegen zu meinen liebsten Sommerstauden.

Kugeldistel – intensive Blütenköpfe

Ein echter Hingucker in jedem Staudenbeet sind die Kugeldisteln. Je nach Sorte werden sie zwischen 50 cm und 200 cm groß und stehen am liebsten in frischen Böden. Mit ihren interessanten Blütenkugeln stechen sie nicht nur im Beet heraus, sie ziehen auch von Juli bis in den September hinein viele Bienen und Insekten an. Besonders schöne Sorten sind 'Veitch's Blue', 'Platinum Blue', 'Arctic Glow' und 'Taplow Blue'.

1

2

1. Wie ein Meer aus kleinen Sonnen erstrahlt das Mädchenauge im Sommerbeet.

2. Die Walzen-Wolfsmilch blüht bereits im späten Frühling bis in den Juni hinein und lockt viele Insekten an.

PFLANZENLISTE FÜR HEISSE SOMMER

- Steppen-Salbei *(Salvia nemorosa)*
- Fackellilie *(Kniphofia)*
- Mannstreu *(Eryngium)*
- Prachtkerze *(Gaura lindheimeri)*
- Ährige Prachtscharte *(Liatris spicata)*
- Kaukasus-Gamander *(Teucrium hircanicum)*
- Quirlblütiger Salbei *(Salvia verticillata)*
- Schafgarbe *(Achillea)*
- Großblütige Königskerze *(Verbascum densiflorum)*
- Schwarze Königskerze *(Verbascum nigrum)*
- Wilde Karde *(Dipsacus fullonum)*
- Patagonisches Eisenkraut *(Verbena bonariensis)*
- Quirlblättriges Mädchenauge 'Grandiflora' *(Coreopsis verticillata)*
- Sonnenbraut (*Helenium*-Hybride)
- Steppenkerze *(Eremurus)*
- Ähriger Ehrenpreis *(Veronica spicata)*
- Kugeldistel *(Echinops)*
- Fetthenne (*Sedum spectabile* und *Sedum telephium*)
- Blaunessel 'Blue Fortune' (*Agastache Rugosa*-Hybride)
- Steppen-Wolfsmilch (*Euphorbia seguieriana* ssp. *niciciana)*
- Strand-Grasnelke *(Armeria maritima)*
- Gewöhnliche Nachtkerze *(Oenothera biennis)*
- Bergminze *(Calamintha nepeta)*
- Blaue Katzenminze *(Nepeta x faassenii)*
- Spanisches Gänseblümchen *(Erigeron karvinskianus)*

Im seichten Morgenlicht des Herbstes macht der Gewöhnliche Sonnenhut eine klasse Figur.

Die **Ziergräser** sind im Herbst der heimliche Star in den Beeten. Bei uns sind das besonders die Bläuliche Rutenhirse 'Heavy Metal' *(Panicum virgatum)*, das Plattährengras *(Chasmanthium latifolium)* und das klassische Lampenputzergras 'Hameln' *(Pennisetum alopecuroides)*.

Beet 8 – Mein Herbstbeet

Wenn die sommerlichen Temperaturen ihren Höhepunkt überschritten haben und der Garten allmählich sein Wachstum einstellt, geben viele Stauden, Ziergräser und Gehölze noch einmal so richtig Vollgas. Die Blüten- und Farbenpracht ist gerade im September der schiere Wahnsinn. Neben dem allseits bekannten Blätterschauspiel der Bäume verwandeln besonders die spätblühenden Stauden eure Beete in ein Meer von Farben.
Grundsätzlich darf der Herbst bei mir im Garten alles. Er soll wild und bunt sein, richtig laut knallen und ein würdiges Finale des Gartenjahres einläuten.
Neben all den Farben bewundere ich besonders die Leichtigkeit, die die blühenden Ziergräser und filigrane Stauden wie die Prachtkerze *(Gaura lindheimeri)* in die Beete bringen. Zusammen mit den aufkommenden Herbstwinden ergibt das ein wirklich schönes Schauspiel.

Strukturgeber in Herbstbeeten

Bei den spätblühenden Stauden finde ich es essenziell, dass sie mit ihren Samenständen euren Beeten auch im Winter eine Struktur geben, sofern sie sich nicht unkontrolliert verbreiten. Diese welken Stauden werden von November bis März das Bild eures Gartens bestimmen und sind deswegen nicht unwichtig. Sonnenhüte (*Rudbeckia fulgida* und *Rudbeckia triloba*), Fetthenne *(Sedum)*, Wilde Karde *(Dipsacus fullonum)* und Kaukasus-Gamander *(Teucrium hircanicum)* sorgen zusammen mit den welken Gräsern auch dann noch für ein interessantes Beet, wenn die letzten Blüten bereits lange verblüht sind. Kombiniert diese strukturgebenden Stauden zum Beispiel mit wintergrüner Wolfsmilch *(Euphorbia)*, Purpurglöckchen *(Heuchera)* und Bergenien *(Bergenia)*, dann habt ihr auch in der dunklen Jahreszeit einen abwechslungsreichen Garten.
Die Herbst-Anemone (*Anemone-Japonica*-Hybride) ist dabei mit ihren zauberhaften Blüten bei uns im Garten gern gesehen. Allerdings solltet ihr sie im Blick haben, da sie sich sowohl über die Samen, als auch über Ausläufer ordentlich verbreiten kann. In unserem Garten verhält sie sich jedoch vollkommen unauffällig. Im Folgenden stelle ich euch einige meiner liebsten Herbststauden näher vor.

FEDERBORSTENGRAS
FETTHENNE
PATAGONISCHES EISENKRAUT

Die tief stehende Sonne bringt die spätblühenden Stauden so richtig zur Geltung.

Die bunten Farben der **Gehölze** sind ein fester Bestandteil des Herbstgartens. Besonders Fächer-Ahorn *(Acer palmatum)*, Kupfer-Felsenbirne *(Amelanchier lamarckii)* und Korkflügelstrauch *(Euonymus alatus)* runden das Gesamtbild ab.

Sonnenhut – mit langer Blütezeit

Für mich ist der Gewöhnliche Sonnenhut *(Rudbeckia fulgida)* der Inbegriff von Herbst. Seine Farbe passt einfach perfekt in diese Jahreszeit, dass ich mir diese Staude wirklich in jedem Garten vorstellen kann. Er ist sehr blühfreudig und zeigt seine reichhaltigen Blüten von Juli bis weit in den Oktober hinein. Dabei lockt er eine ganze Reihe von Wildbienen und andere Insekten an. Der Gewöhnliche Sonnenhut wird 80 cm bis 100 cm hoch und kann mit seinem horstigbuschigen Wuchs eine ordentliche Größe erreichen. Er mag es sonnig bis absonnig und toleriert sandig bis lehmigen Gartenboden. Alles in allem ist er sehr pflegeleicht und winterhart.

Kerzenknöterich – Blütenkerzen bis zum Frost

Obwohl sie fast nichts miteinander gemein haben, war der Kerzenknöterich aufgrund unserer eigenen Gartenvorgeschichte mit dem Japanischen Staudenknöterich *(Fallopia japonica)* lange ein Tabuthema. Doch mittlerweile ist der schlimme Neophyt aus dem Garten verbannt und ich habe meine Liebe zum Kerzenknöterich entdeckt. Diese Staude ist nämlich einfach zu schön, um sie nicht im Garten zu haben.
Sie ist absolut unkompliziert, winterhart und überzeugt mit monatelangen weißen, rosa und pinken Blütenähren teilweise bis zum ersten Frost. Bei uns findet ihr diesen Dauerblüher gerne im Halbschatten, er mag es aber auch sonnig bis absonnig. Dabei sollte er jedoch nicht zu trocken stehen, sondern frisch bis feucht. Der Kerzenknöterich kann Wuchshöhen bis zu 120 cm erreichen und wird ungefähr halb so breit. Das wichtigste Merkmal ist jedoch, dass diese Staude horstig wächst und keine unkontrollierbaren Ausläufer bildet. Ihr könnt ihn also bedenkenlos in eure Beete setzen.
Vom Kerzenknöterich mag ich besonders diese wunderschönen Sorten: 'Blackfield', 'Atropurpureum', 'Roseum', 'White Eastfield', 'Fine Pink' und 'Orangofield'.

Prachtkerze – elegant mit Ziergräsern

Die Prachtkerze ist durchaus als eine beliebte Sommerstaude zu bezeichnen. Bei uns blüht sie allerdings teilweise noch bis Ende Oktober, sodass ich sie gerade im Herbst sehr zu schätzen weiß. Sie wird zwischen 80 cm und 150 cm hoch, mag es gerne sonnig und trocken mit einem leichten, sandigen Boden. Ihre zarten Blütenrispen blühen ab Juni in Weiß und Rosa und harmonieren besonders gut mit Ziergräsern. Achtet bei der Prachtkerze auf eine ausreichende Drainage, sonst bekommt sie im Herbst und Winter zu viel Staunässe ab.

Weiße Wald-Aster – weißes Sternenmeer

Astern gehören für mich ebenfalls in jeden Herbstgarten. Sie tragen mit ihren vielfältigen Wuchsformen und Blütenfarben wesentlich zum Herbstspektakel bei. Eine der schönsten Vertreterinnen ist die Weiße Wald-Aster. Sie besticht durch ihren aufrechten Wuchs und eine schiere Blütenfülle. Dabei wird sie bis zu 70 cm hoch und zeigt ihre Blüten von August bis September. Sie mag es gerne sonnig bis schattig, wobei der Boden trocken bis frisch sein sollte. Andere schöne Aster-Arten sind: Kissen-Aster *(Aster dumosus)*, Myrten-Aster *(Aster ericoides)*, Sibirische Herbst-Aster *(Aster tataricus)*, Wild-Aster *(Aster ageratoides)*, Raublatt-Aster *(Aster novae-angliae)* und Glattblatt-Aster *(Aster novi-belgii)*. Abschließend kommt hier eine Übersicht mit schönen Herbststauden für eure Beete.

1

2

1. Fetthenne und Lampenputzergras sind eine unschlagbare Kombination für den Herbst.

2. Eine unglaubliche Blütenfülle bringt die Weiße Wald-Aster zu einem späten Zeitpunkt ins Beet.

PFLANZENLISTE FÜR DAS HERBSTBEET

- Gewöhnlicher Sonnenhut *(Rudbeckia fulgida)*
- Oktober-Sonnenhut *(Rudbeckia triloba)*
- Prachtkerze *(Gaura lindheimeri)*
- Fetthenne *(Sedum)*
- Weiße Wald-Aster *(Aster divaricatus)*
- Oktober-Margerite *(Leucanthemella serotina)*
- Herbst-Chrysantheme (*Chrysanthemum-Indicum*-Hybride)
- Herbst-Anemone (*Anemone-Japonica*-Hybride)
- Herbst-Storchschnabel 'Dilys' (*Geranium sanguineum*-Hybride)
- Herbst-Alpenveilchen *(Cyclamen hederifolium)*
- Herbst-Salbei (*Salvia x cultorum*), z. B. die Sorten 'Nachtvlinder', 'Peach', 'Royal Bumble'
- Kerzenknöterich *(Bistorta amplexicaulis)*
- Purpurglöckchen *(Heuchera)*
- Wolfsmilch *(Euphorbia)*
- Bergenie 'Herbstblüte' (*Bergenia*-Hybride)

STAUDEN ABC-GLOSSAR

Absonnig (abs)
Ein heller Standort, der sehr wenig direkte Sonneneinstrahlung abbekommt.

Ausschneiden/Ausputzen
Rückschnitt und Abknipsen einzelner welker Blüten, um die Staude zu einer ständigen Bildung von neuen Blüten anzuregen.

Beet (B)
Stauden, die sich in Beeten wohlfühlen, wobei auf die jeweiligen Lichtverhältnisse geachtet werden muss.

Blütezeit
Die Blütezeit gibt eine grobe Orientierung. Sie ist abhängig von der jeweiligen Region und wechselnden Wetterlage.

Bodendecker
Niedrige Stauden, die sich im Beet breitmachen und Unkräuter unterdrücken sowie vor Austrocknung schützen.

Chelsea Chop
Eine Form des Rückschnitts, bei dem die Blütezeit um einige Wochen hinausgezögert wird. Außerdem sorgt er für eine gewisse Standfestigkeit.

Dauerblüher
Stauden mit einer langen Blütezeit.

Fels-Steppe (FS)
Stauden, die trockene, ungeschützte und steinige Standorte mögen.

Feuchter Boden
Hier stehen Stauden, die gerne Wasser mögen. Dies kann z. B. an einem Teichrand der Fall sein.

Freifläche (FR)
Stauden für offene Flächen, auf denen es meist sonnig und ungeschützt ist. Auf Pflanzschildern wird die Freifläche häufig mit Zahlen kombiniert: FR1 für trockenen Boden; FR2 für frischen Boden und FR3 für feuchten Boden.

Frischer Boden
Frische Böden haben immer eine gewisse Feuchte, dabei sind sie weder zu feucht noch zu trocken.

Frühblüher
Stauden, die in den ersten Monaten des Jahres ihre Blüten zeigen und somit auch wichtig für Insekten sind.

Gehölz (G)
Als Gehölz werden Sträucher und Bäume bezeichnet. Aber auch Stauden, deren bevorzugter Standort direkt unter Gehölzen liegt, werden mit einem **G** gekennzeichnet.

Gehölzrand (GR)
Standort mit wechselndem Schatten, der meist geschützt im Halbschatten liegt. Der Boden kann je nach Voraussetzungen frisch bis feucht, aber auch trocken sein. Stauden sollten einen Wurzeldruck vertragen können.

Halbschatten (hs)
Ein Standort im Garten, der weniger als sechs Stunden direktes Sonnenlicht abbekommt. Vor allem keine Mittagssonne.

Immergrün
Stauden, die auch im Winter ihr Laub behalten und sich nicht ins Erdreich zurückziehen.

Kübel
Hinweis auf nicht winterharte Pflanzen (KÜBEL), die im Winter ins Haus geholt werden sollten, da sie nicht im Beet überleben.

Magerbeet
Das Magerbeet ist ein trockenes, nährstoffarmes Beet mit sandigem Boden für robuste Stauden. Es ist besonders für Insekten attraktiv.

Matten (M)
Stauden, die sich auf flachen Standorten, z. B. zur Dachbegrünung, als Bodendecker eignen.

Mulchen
Auftragen eines organischen Materials, wie Rasenschnitt, Laub oder Rindenmulch, zwischen den Pflanzen in den Beeten. Es schützt im Sommer den Boden vor der Austrocknung und die Pflanzen im Winter vor dem Frost.

Nachblütenschnitt
Rückschnitt nach der Blüte in Bodennähe, um eine starke Aussaat oder einem Befall mit Pilzen vorzubeugen. Der neue Austrieb ist vital, aber meist ohne zweite Blüte.

Nachwinterschnitt
Alle strukturgebenden Stauden und Ziergräser werden nach dem Winter, wenn kein dauerhafter Frost mehr droht, in Bodennähe zurückgeschnitten.

Pflanzabstand
Bezeichnet den Abstand, der zwischen den Stauden einer gleichen Sorte eingehalten werden sollte.

Präriegarten
Ein robuster und pflegeleichter Garten, der sich an den Weiten Nordamerikas orientiert und meist nur aus trockenheitstoleranten Stauden und Ziergräsern besteht.

Remontierschnitt
Der Remontierschnitt bezeichnet eine Art von Rückschnitt, der direkt nach der ersten Blüte in Bodennähe erfolgt und die Staude zu einer zweiten Blüte anregt.

Rhizom
Ein Speicherorgan, das als Spross meist unterirdisch wächst. Stauden speichern hierin Wasser und Nährstoffe. Sie lassen sich über die Rhizome durch Teilung vermehren.

Schatten (sch)
Dieser Standort hat unter vier Stunden direkte Sonneneinstrahlung.

Sonnig (so)
Ein Standort im Garten, der sich durch mehr als sechs Sonnenstunden auszeichnet. Die Mittagssonne ist hier Stammgast.

Stecklinge
Eine Art der Vermehrung bei Stauden. Hierbei werden Triebspitzen abgeschnitten und in ein nährstoffarmes Substrat gestellt.

Steinanlagen (St)
Stauden, die sich für den Steingarten eigenen. Sie benötigen meist wenig Nährstoffe, vertragen Trockenheit und brauchen nicht viel Platz für ihre Wurzeln.

Stein-Fugen (SF)
Stauden, die gut in Ritzen von Natursteinmauern wachsen.

Teilung
Eine Art der Vermehrung von Stauden. Die Mutterpflanze wird hierzu ausgegraben und in beliebig große Teile geteilt.

Totholzhecke
Die sogenannte Benjeshecke, die aus Gehölzabschnitten errichtet wird und vielen Tieren ein Zuhause gibt.

Trockener Boden
Meist sandiger Boden mit geringeren Nährstoffen, der wenig Wasser speichern kann.

Wasserrand (WR)
Stauden, die es gerne feucht mögen und am Teichrand leben.

Wasser (W)
Stauden, die im Wasser leben.

Winterhart
Stauden, die im Garten überwintern können. Manchen brauchen dennoch im Beet etwas Schutz.

Ziergräser
Gräser, die sich durch Wuchs, Blütenstände und Farben deutlich von anderen Gräsern abheben und deswegen im Beet gepflanzt werden.

MEINE EMPFEHLUNGEN FÜR STAUDEN, WERKZEUGE & CO

Staudengärtnerei
Stauden Stade
www.stauden-stade.de

Sukkulenten & zwergige Pflanzen
Grünzeux
www.gruenzeux.de

Gartenwerkzeug
Krumpholz Werkzeuge
www.krumpholz1799.de

Organischer Dünger
Natürlicher Gartendünger
www.natuerlicher-gartenduenger.de

Gartenschere
Original Löwe
www.original-loewe.de

Gartenerde
Floragard
www.floragard.de

Staudenhalter
saMas Design
www.samas-design.de

Bienensteine
Alma hat Zeit
www.almahatzeit.de

REGISTER

Fette Seitenzahlen verweisen auf Abbildungen.

BILDNACHWEIS

142 Farbfotos wurden von Andrè Winkler für dieses Buch aufgenommen.
Weitere Farbfotos von pixabay/HelgaKa S.32; pixabay/HansLinde S. 33

IMPRESSUM

Umschlaggestaltung außen von Claudia Eder, Konzept und Gestaltung, Pocking.
Alle Farbfotos von Andrè Winkler, außer U1: Rudbeckia von istock/hongquang09, Sonnenhut von istock/scisettialfio, Fetthenne von istock/eyewave sowie Autorenfoto von Volmary. Umschlaggestaltung innen von Claudia Adam Graphik-Design, Bad Kreuznach.
Alle Farbfotos von Andrè Winkler.

Unser gesamtes Programm finden Sie unter **kosmos.de**.
Über Neuigkeiten informieren Sie regelmäßig unsere
Newsletter, einfach anmelden unter **kosmos.de/newsletter**

Gedruckt auf chlorfrei gebleichtem Papier

ISBN 978-3-440-18324-3
Projektleitung: Birgit Grimm
Redaktion und Bildredaktion: Birgit Grimm
Gestaltungskonzept: GRAMISCI Editorialdesign, München
Gestaltung und Satz: Claudia Adam Graphik-Design, Bad Kreuznach
Produktion: Klaus Jost
Druck und Bindung: Westermann Druck Zwickau GmbH
Printed in Germany/Imprimé en Allemagne

FSC
www.fsc.org
MIX
Papier | Fördert gute Waldnutzung
FSC® C110508

SCHÖNE BLÜTEN & BLÄTTER — DAS GANZE JAHR

JANUAR
- Siebenbürger Leberblümchen, I–III*
- Bergenie, wintergrün, IV–V
- Heuchera, wintergrün, VI–VIII
- Schneerose 'HGC®Ice'n Roses Red Romance®', XII–IV
- Walzen-Wolfsmilch, wintergrün, V–VI

* Blütezeiten

FEBRUAR
- Schneeglöckchen, II–III (Zwiebel)
- Frühlings-Alpenveilchen, II–III
- Lenzrose 'Pretty Ellen White Spotted', II–IV
- Geflecktes Lungenkraut, II–V
- Stinkende Nieswurz, II–V

MÄRZ
- Lenzrose 'Double Ellen Pink', II–IV
- Balkan-Anemone, III–IV
- Gewöhnl. Küchenschelle, III–IV
- Leberblümchen, III–IV
- Wald-Schlüsselblume, III–IV

APRIL
- Kaukasus-Vergissmeinnicht, III–V
- Mittelmeer-Wolfsmilch, III–V
- Blaukissen, IV–V
- Berg-Steinkraut, IV–V
- Moos-Steinbrech, IV–V